人生破局的思维逻辑

BET ON YOU

〔美〕安吉·摩根（Angie Morgan）
〔美〕考特尼·林奇（Courtney Lynch） 著

韩雪婷 译

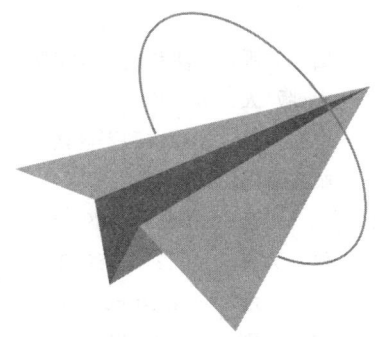

天津出版传媒集团
天津科技翻译出版有限公司

著作权合同登记号：图字：02-2025-059

图书在版编目（CIP）数据

人生破局的思维逻辑 /（美）安吉·摩根（Angie Morgan），（美）考特尼·林奇（Courtney Lynch）著；韩雪婷译. -- 天津：天津科技翻译出版有限公司，2025.4. -- ISBN 978-7-5433-4634-5

Ⅰ.B804-49

中国国家版本馆CIP数据核字第2025Q147D3号

Copyright © 2022 by Lead Star, LLC.
Published by arrangement with Aevitas Creative Management, through The Grayhawk Agency Ltd.

出　　版	天津科技翻译出版有限公司
出 版 人	方　艳
地　　址	天津市和平区西康路35号
邮政编码	300051
电　　话	(022) 87894896
传　　真	(022) 87893237
网　　址	www.tsttpc.com
印　　刷	天津中印联印务有限公司
发　　行	全国新华书店

版权记录：880mm×1230mm　32开本　7印张　144千字
　　　　　2025年4月第1版　2025年4月第1次印刷
定　　价：52.00元

（如发现印装问题，可与出版社调换）

导读
关于风险的深度思考

　　从我们很小的时候，就被教导要遵守安全规则。从我们一出生，家长就会用"不准""不要""远离"等词语给我们的行为划定界限，而这些条条框框都是出于安全考虑。

　　后来，当我们进入学龄前期，陪伴我们的童话和童谣也会强化这种观点。

　　还记得《小红帽》(*Little Red Riding Hood*)的故事吗？它讲述了一个女孩的惊险经历。她因为轻易听信陌生人的教唆而离开大路，导致祖母遇害，自己也险些被大灰狼吃掉。这个故事的寓意表达得十分直白。

　　再后来，我们已过了听童话故事的年纪，进入青少年阶段，我们听惯了一些提倡谨慎行事的格言，比如"谨言慎行不吃亏，轻率莽撞必后悔"(better safe than sorry)。还有一些让我们远离麻烦的谚语，比如，"好奇害死猫"(curiosity killed the cat)。身边的人也总是好心提醒我们该如何谨慎地生活，比如父母会指出我们的朋友中哪些人不可深交，学校辅导员会鼓励我们申请"保底学校"，这样即使我们没有考上理想的高中，也能有个"退而求其次"的选择。

对于当时的我们来说，所有这些经验都很宝贵。如果你从未触摸过滚烫的火炉，从未吃过陌生人给的糖果，或者，从一个更积极的角度来看，如果你曾经错失了首选，却吃到了备选资源甜头的话，那么你就是一个吸取前人教训、绕过人生弯路的"幸运儿"。

然而，总有一天，这些说教不再有价值。当我们有了保护自己的能力，学会制订行动计划，开始掌控自己的生活时，一贯地"稳中求进"所带来的负面影响，就会阻止我们追求理想生活的脚步。

这很矛盾，不是吗？那些曾经帮助我们平安长大的建议，现在也恰恰成为阻碍我们实现梦想的掣肘。

在每一位我们培训过的领导者身上，我们几乎都看到了"稳扎稳打"心态所带来的持久影响。作为一家成功的领导力发展咨询公司——星际领导咨询公司（Lead Star）的创始人，我们花了近20年的时间来帮助专业人士发展职业愿景、提升领导技能，进而提高他们的工作绩效。作为一家领导力咨询公司，我们致力于帮助他人取得成功，而目前，我们公司已有幸与谷歌（Google）、脸书（Facebook）、沃尔玛（Walmart）、联邦快递（FedEx）等大型企业建立了合作关系。

就像美国国家橄榄球联盟（NFL）中的四分卫要观看数千小时的视频来完善在赛场上的决策过程一样，我们也见证过数以千计的领导者做出各种选择。我们及时在他们面临挑战或遭受失败、挫折时给予指导，帮助他们获得更大的成功。在有幸参与许多客户的领导力进阶之旅中，我们意识到，即使是最好的领导者，也往往缺乏一种善于寻求突破的关键技能：

坚韧不屈、放手一搏的能力。

在这本书中，我们将帮助你了解美好生活中最常缺失的元素，引导你缓解压力、体验成功和收获快乐。我们看到过太多领导者在不必要的矛盾、焦虑、挫折及迷失中挣扎，他们没有认识到自己的真正魄力，反而默认了从小接受的"谨小慎微"的行事风格。

不过，好消息是，有一种方法可以冲破我们的安全营垒，在现有状态和理想状态之间架起一座桥梁。这是一种你以前可能很少关注但对于现在至关重要的技能，只要接受并学会它，就能帮助你在生活的各个方面将风险转化为机会。

这种技能就是，懂得如何承担风险。

风险：成功公式中的核心变量

无论你如何定义成功，风险都是你的成功公式中的核心变量，比如：

- ▶ 在你的继续教育上投资。
- ▶ 开始你一直想做的副业。
- ▶ 从城市搬到郊区，寻求更安稳的生活。
- ▶ 争取看似遥不可及的晋升机会。
- ▶ 暂缓工作，利用间隙旅居海外。
- ▶ 更加积极地投入社区活动，为社区带来改变。
- ▶ 在职业生涯的巅峰期组建家庭。

我们知道，很可能没有人告诉过你，承担风险在你的人生旅程中如此重要。事实上，也没人告诉过我们这一点。

我们的成长经历相差无几。从很小的时候，身边的大人们就教导我们，玩游戏时要注意安全。后来他们又说，良好的教育、强大的社交关系，还有找到一份"好"工作就是所谓的成功。但是从来没有人让我们停下来思考，或者传递给我们关于"承担风险"的信息。

我和考特尼是在美国海军陆战队服役时无意间发现了"承担

风险"的重要意义，同样，我们也是在那时结下了深厚的友谊。说来奇怪，当初吸引我们参军的，并不是兵役本身所具有的冒险性，而是另一件事——我们可以在服役期间做更多的事情，为国家效力，成为更好的自己（当然也是为了赚点钱以继续学业）。而当我们报名时，我们完全没有想到我们即将学习"如何承担风险"这一门意义重大的课程。

离开美国海军陆战队后，我们决定联手共事，一起承担更多的风险。2004年，我们一起创办了我们自己的公司——"星际领导咨询公司"。那一年，我们20多岁，意识到我们在部队学到的领导才能对生活的各个领域都具有重要价值。我们认为，大多数人从未真正学会如何像我们一样以有效的方式领导团队或掌控生活，而这往往是制约他们发挥才能、提升技能和职业发展的重要原因。针对这种情况，我们很想一展拳脚。所以，我们拿出了部分积蓄，又用信用卡来填补剩下的资金缺口。我们建立了自己的公司，踏上了帮助专业人士提高领导能力的道路。

我们将公司的业务定义为与尽可能多的人分享学习美国海军陆战队领导力课程的机会，以帮助他们理解，领导者并不单纯是指坐在组织结构中最高位置的人，同时也象征着一种带动行为，是一种影响结果和激励他人的能力。在企业中，任何级别的人都可以成为领导者。当他们明白这一点时，就会得到回报，在公司上下建立信任，赢得尊重，将一群散兵游勇转变成一个稳固的团队。

我们之前也写过两本关于领导力的书,分别是《靠前指挥》(*Leading from the Front*)和《打胜仗的团队》(*SPARK*)。我们的宗旨是,只要有任何一个渠道可以帮我们扩大影响力,我们就都会尝试。我们的热情源泉一直是帮助人们以过去从未考虑过的方式取得进步。

本书的写作思路也是如此。我们的目的是帮助你取得成功,而不仅仅是提高你的领导能力。通过培养承担风险的心态和技能,你就可以鼓足勇气,去尝试你一直想做却又犹豫不决的事情。

其实你一直在为风险买单

此刻,当我们谈论风险的时候,并不是在说那种通常在美国海军陆战队征兵广告中描述的宏大、激烈、史诗般的风险——你并不需要全副武装,背上战斗装备奔向混乱的战场,随时准备投入枪战,把自己置于生命危险当中。相反,我们要带你学会如何承担微小、持续的风险。这会督促你每天把自己从舒适区向外推一点,用恰当的着眼点和日常付出把不可能变为可能,以及利用团队的强大合力来实现你心中所愿。(关于团队,再怎么强调这一点也不为过——要做大事,你必须建立一个强大的支撑网!)

这也是我们在本书中所写的冒险公式的一部分——我们也曾将同样的公式应用在生活中的每一次努力中。这些努力让我们获得了巨大的成功，比如建立一家市值数百万美元的咨询公司，为世界上最伟大的企业领导者提供建议。更重要的是，我们能够选择工作和生活的方式，并以此来支撑起整个人生。我们可以非常自豪地宣称，职业从来没有牵制过我们。我们的业务从来不受地理位置的限制，所以我们的家人能够幸运地生活在许多很棒的地方。我们也很想让你知道，承担风险将帮助你在生活中发现快乐、直面挑战、最终战胜风险、拥有一个充实的人生。

但是，我们也知道，我们不能只从积极的一面来谈论风险。

毫无疑问，你会听到我们热情地宣扬承担风险可能给生活带来的价值，但我们也清楚，并不是你所做的每一个选择都能得偿所愿（我们需要面对现实——因为真正"心想事成"的人毕竟是少数）。有时候，承担风险会让你陷入困境；也有时候，承担风险会让你一败涂地。我们将在本书中分享许多失败的经历，并且并不羞于承认这些失败。我们以一种坦率的态度来分享我们的故事，这样你就能从我们的教训中获益，然后更加坦然地与自己的失意和解。要知道，失败不是最终结果，过去的错误不应该成为你未来决策的绊脚石。挫折是强有力的教训，让你获得智慧和经验，而这些收获可以帮助你迅速成长。

我们也知道，尽管你殚精竭虑，付出了一切，你也不可能完全避免败局。不管你喜不喜欢，这都是生活中的常态。我们期望的状态是，当你尝试做一些重要的事情时，就算失败也没关系（因为失败会让你成长），但也不要完全没有努力过就接受了失败的命运。换句话说，哪怕即将迎接失败，哪怕败局已定，我们仍希望你能让失败变得有意义，并做好规划让自己重新振作起来，这样你就会因为这次经历而变得更加坚强、更有耐挫力。

人生核心算法：把天赋最大化，让风险可控化

此时此刻，很有可能，你坐在那里，并没有在为自己和生活考虑什么重大的事情。但这并不是什么问题，这很正常。因为，为改变而改变毫无意义。如果你对现状感到满意，那么，顺其自然就可以。不过，《人生破局的思维逻辑》仍然值得一看。

在全球新型冠状病毒感染期间，许多人突然意识到，我们长期以来赖以生存的安全网——老板、存款账户，甚至家人——并不能让我们免受所有威胁。生活中真正的保障是你在职业生涯里培养起来的天赋，这才是人生安全网中最重要的元素之一。我们能够设身处地地理解你的困境，所以我们觉得有必要把这本书推荐给你。当你学会把天赋和承担风险的能力结合起来时，就能有效地应对来自外部的干扰。

还有，学会应对风险会让你成为更强大的职场红人。毕竟，抵抗风险的能力是企业迫切希望在员工中培养起来的能力，因为它不仅具有极高价值，还是各行业非常需要的一种职业竞争力。世界经济论坛定期对企业领导人进行调查，探求未来职场最需要什么样的技能。越来越多的领导者在探讨关于现在和未来的全球劳动力需求时提到创造力、创新力和解决复杂问题的能力，而这些技能无疑都建立在承担和管理风险能力的基础上。所以，如果你在开会的时候灵感乍现却犹豫着要不要说出来，我们希望你有勇气分享它，有信心承担领导大家的责任，并积极采取行动。

三个部分，让你在风险到来时敢挑战、能应战

《人生破局的思维逻辑》分为3个部分，这是一本助你走向成功的实用指南。

第一部分

认知提升：成功者的风险管理秘籍

我们将揭开风险的神秘面纱，这样你就可以加深对这个概念及其本质的理解。人们往往错误地把风险与回报对立起来，就好像当你决定冒险时，只有"赢"和"输"两种选择。这种非此即彼的输赢观念使我们对何为真正承担风险的看法变得狭隘。而且，

这种想法经常会让你忽略自己的能力，不敢直面挑战并带领团队渡过难关。

第二部分

能力提升：掌控抗风险能力，成功先人一步

在这一部分，我们将提供手把手地指导，告诉你如何承担风险，以深思熟虑、循序渐进的方式实施变革。要做到这一点，首先需要你有远大的梦想，而我们则会帮助你提高梦想的质量，因为没有意义的梦想几乎不会对行为产生任何推动作用。

但你也要记住，这并不代表我们提倡莽撞地冒险，而是希望你在生活中以正确的态度和合理的方式进行努力。每一点变化都需要付出时间和行动，也应该伴随着喜悦和满足，只有当你甘之如饴的时候，才更有可能实现梦想。这本书将帮助你从多个维度获得你想要的东西，这样，你的努力就会慢慢转化成有价值的经验。我们还会帮你确定谁能为你提供有力的支持。正确的时机和正确的指导可以加速你的成功。

第三部分

心智提升：追赶强者，攀登顶峰的捷径

拥有强大安全网的关键因素是建立起持续应对风险的信心。我们将告诉你该如何做到这一点。此外，我们还将陪伴你走向成功。我们见过太多领导者在"成就跑步机"上狂奔，对已经获得

的每个成就都不满足，永远在追寻下一次胜利，但结果却不尽如人意。有时，我们自己也会陷入这种成就陷阱。虽然这听起来有悖常理，但我们必须意识到自己正在取得进步，这样才能品味成功的甜蜜，并借助实践经验来获得成长和自我突破。如果我们始终无法认清自己的能力，就会觉得自己无法追求人生目标。

提高付出"转化率"的秘诀

大多数职场人都相信，梦想的实现需要付出艰辛的努力。我们也认同这一点。每个人都应该鼓足勇气去追寻一种有意义、有价值的生活。在本书中，我们将尽力帮助你，让你明白此刻就是迈开步伐实现理想的时刻。我们要告诉你，当你迈出第一步的时候，就已经走上了成功和发展之路。

我们希望你成功是因为我们相信你可以成功。为此，我们将制订一个循序渐进的承担风险计划书。在本书中，你可以进行简短的练习。最好在读到每一章时都不要错过这些训练。如此一来，读完书的时候你也完成了个人风险宣言，形成了一套详细的计划，帮助你在生活中战胜风险。通过阅读来学习固然重要，但思考和行动更具价值。

培养抗风险能力，领先成功之路

我们希望通过本书来分享成功的案例，不仅仅是我们的案例，同时还有许多如雷贯耳和名不见经传的领导者们的案例。从他们的生活实例中提炼出的深刻教训，证明拥有抗风险的意志力对人生来说是多么的重要。

我们出版这本书是一种使命。我们热衷于发掘风险的价值，因为我们在很多方面都感受到了它的价值。我们都不是含着金汤匙出生的孩子，没有来自祖辈的庇荫让我们轻松度日。我们只是普通人，鼓足勇气才成为美国海军陆战队队员。但是，从这段不同寻常的经历中，我们学会了一组技能，这无疑是我们后来生活中每桩大事的催化剂。我们不想掩盖风险，而是希望你了解它、体验它，这样你就能更好地生活、攀登事业高峰、突破生活瓶颈、享受人际关系、拥抱美好未来。我们相信，再简单的事情，只要重复做，也能越做越精彩。那么，放手一搏吧！

目 录
CONTENTS

>> 第一部分
认知觉醒：成功者的风险管理秘籍 / 001

第一章　平衡风险与机遇，逆势突围 / 003
风险是通向成长、机遇、自我引导、正向转变和自我改善的重要路径。凡事都有风险，学会评估风险与机遇，利用制胜心态来逆势突围，取得成功。

第二章　转化风险放手一搏，挑战人生的无限可能 / 027
重新定义自己的人生，想要放手一搏，必须了解自己并学会相信自己。拥抱人生中的"不确定性"，在人生路上不断突破。

>>> 第二部分

能力提升：掌握抗风险能力，成功先人一步 / 053

第三章　用目标倒推行动，唤起无限创造力 / 055

勇于冒险，追寻梦想，走出舒适区。当我们开始大胆地拥抱风险时，丰厚的回报也会随之而来。

第四章　学会寻求帮助，驶向成长快车道 / 077

向靠谱的导师寻求帮助，进入优质的圈子，用开放的心态与人沟通，用智慧的头脑筛选建议。寻找助力，是获取成功的必备能力。

第五章　立刻行动，勇敢踏出改变的第一步 / 103

机会不是别人给予的，是自己创造出来的。勇敢踏出改变的第一步，制作一份行动指南，并且保持激情，才能勇攀高峰。

第三部分
心智提升：追赶强者，攀登顶峰的捷径 / 129

第六章　打造安全网，破局思维不设限 / 131

当我们感到安全时，才会选择做勇敢的事情。学会投资自己、提升能力、掌控判断力，才能为未来可能遇到的一切风险做好准备。

第七章　刻意暂停，复盘经验，取得持续成功 / 151

成功是一种感受，学会停下脚步去欣赏成功路上的风景，也是成功的另一个标准。放手一搏的最终目的是拓展思维、创造更丰富的体验。

第八章　构建韧性思维，成为内心强大的破局者 / 173

对失败的恐惧，从一开始就阻碍了你的成功。3个策略消除失败恐惧，在逆风局也能强势突围。

结　语　步步为营，走向胜利 / 199

第一部分

认知觉醒：成功者的风险管理秘籍

第一章

平衡风险与机遇,逆势突围

> 凡事都有风险。什么都不做也是一种风险。要冒哪种风险由你决定。
>
> ——妮古拉·尹

速览导读

这一章将帮助我们重新评估风险与机遇,了解如何利用制胜心态来取得成功。

思想启迪

风险是通向成长、机遇、自我引导、正向转变和改善自我的重要路径。

正确处理风险需要通过一系列步骤：首先，迈出第一步，然后步步为营地化解风险。这些步骤是经过深思熟虑总结出来的，具有目的性和计划性，需要循序渐进地推进，而不是贸然做出改变。

对充满不确定性的旅程保持开放的态度，这将带给你比想象中更精彩、更丰富的体验。

我们把面对未知情况所需采取的行动定义为风险。没有人能预测未来，所以这意味着在我们的生活中，风险和不确定性总是无处不在。当你认清这一点，你就可以逐步适应承担风险，并且，这会帮助你以更开放的态度接纳闯入生活的风险，而不是一味地想要消除它。

承担风险是一种有意识的选择，可以让你逆风前行，而不是受到外力裹挟而止步不前。虽然人们普遍认为承担风险是人生选项中的无奈之举，但实际上，其结果既可能是消极的，也可能是积极的，而且其影响不一定会立竿见影。今天所做的选择可能为你带来机遇，但这些机遇要到将来的某个时刻才会兑现。可以说，你眼下承担的小风险很可能成为对未来最有价值的投资之一。

与"久赌必输"的赌博不同，我们相信，虽然承担风险有失败的可能，但相比之下胜算更大。况且，即使是负面结果，也往往能让你积累丰富的经验，收获进步和成长。只有当你拒绝成长时，失败造成的损害才是致命打击。否则，挫折也同样是一种经验，能帮助你总结出珍贵的教训。想想看，于生活而言，到底谁才是更好的老师，失败，还是成功？我相信你一定会说，是失败，不是吗？尽管我们都很清楚这一点，但是出于种种原因，在面对风险时，我们仍然无法笃信这一逻辑，还是会本能地选择逃避。

作为引导者，帮助人们重新认识风险是我们最重要的工作之一。我们认真肩负起帮助他人重新认识风险的职责，因为我们知道，不能接受日常风险的态度，实际上可能是人们在生活中所要承担的最大风险之一。

风险通常代表着危机、险情、麻烦或者威胁，我们也很难对风险做出预警。然而，这些内容只代表了风险的一个侧面。风险还有另一个更为重要却常被忽视的方面——它是通向成长、机遇、自我引导、正向转变和改善自我的重要途径——而所有这些正面经验，都是你有机会从风险中获得的。

当遭遇不确定的风险时，如果不能坦然面对，那你做出的反应就可能是出于绝望且畏惧的心态，而不是出于自信笃定的坚强力量。这就像是你一直在做一份自己并不喜欢的工作，然后有一天听到自己被解雇时的感受。其实，当你意识到这份工作并不适合自己时，本可以在深思熟虑后重新寻找一个更好的机会，但往往事与愿违。你总是疲于应付、慌乱不堪，宁可领着微薄的薪水，冒着失业的风险，也不愿果断放手。

没有人愿意置身这样的处境，可遗憾的是，许多人都发现自己一直处于劣势却难以翻身，这是因为他们既不熟悉风险的概念，也不具备化解风险的实际技能。显然，我们无法彻底规避风险，但完全可以掌控自己面对风险时展现出的应对能力。通过主动承担，甚至主动接纳生活中的风险，我们能够更好地适应不利局面，从而影响人生走向。人生之路困难重重，风险总会接踵而至，但只要我们不断完善应对策略，就能增强抵御风险的能力。

万花筒法：平衡风险与机遇的智慧策略

还记得小时候令你惊叹不已的万花筒吗？举起镜筒，你可以从中看到颜色鲜艳的碎片呈现出瑰丽、对称的图案，再轻轻转动镜筒，碎片就会变幻出一种崭新、绚烂而又平衡的画面。万花筒之所以令人着迷，是因为在大小相同的每个小格子里，碎片的组合呈现出对称的和谐之美。

本着勇于承担风险的精神，我们希望你不仅可以把万花筒的每个小格子想象成生活中的各种元素，而且要把它们设定为引导你抵御风险、走向成功的驱动力。以下是大多数人通过承担一定风险可以获得美好生活的4大方面：

- ▶ **生活中的风险**。作为配偶、父母和朋友，我们扮演的一些重要角色使我们有勇气面对生活中的风险。
- ▶ **职场中的风险**。大多数人花在工作上的时间比花在其他任何方面的都要多。在工作中承担战略性风险能够提升技能，有助于取得更好的业绩。
- **个人影响力方面的风险**。为他人和社区服务是生活中最常见的激发影响力的办法之一。
- **娱乐中的风险**。追求乐趣、成就感和满足感是我们人生旅程的动力。过于安稳的生活剥夺了我们享受这些快乐的机会。

在本书中，你会读到以上4个方面的冒险故事，让你对自己在生活中可以承担的风险产生更深刻的认识。当你品味这些故事时，可能会发现，你可以轻松地应对某一方面的风险，但在另一方面却有些手足无措。这种情况我们见得太多了：

- 我在美国海军陆战队服役时的一位同事曾冒着巨大的生命危险参加战斗，但退役后面对未来的继续教育时，却表现出极度抗拒的心理。
- 另一位朋友，他可以在社区中对自己热衷的问题侃侃而谈，却没有勇气在工作中为自己争取加薪。
- 还有些同事，宁愿接受需要以牺牲家庭生活为代价的晋升，也不敢考虑换一份时间更灵活、更利于家庭和谐的工作。

我们想告诉你，在可能的情况下，有意识地接纳风险十分重要，因为主动承担风险所获取的经验，会让你在与风险不期而遇时，做好更充分的准备。这就是考特尼曾经面临的情况，在她职业生涯的早期，她就尝试将她在工作中迎接风险的心态应用到日常生活中。

丰富生活中的不确定性元素：考特尼的故事

我是一个规划师。我总是规划好生活里的一切。所以当我决定组建自己的家庭，拥有自己的孩子时，我不得不承认自己对这场未知的旅程十分紧张。当我想到未来的生活将发生巨大的变化，而且我还要把一部分控制权让给一个了不起又可爱的小家伙时，我非常紧张。好在，我的丈夫帕特里克和我都相信，我们已经做好扩大家庭的准备，并打算共同承担起迎接一个新生命的风险。

我们很幸运，没过多久我就怀孕了。

回想起来，我已经记不清刚刚得知自己怀孕时的情形了。但我几乎牢牢记住了第一次检查时的每一个细节。

那天下午，帕特里克开车带我去医院，我们到达的时间比预约的早了一些，候诊室没有什么人。我们无心翻看杂志，一边等着护士叫我的名字，一边兴奋地交谈。不一会儿，诊室的门开了,我听到里面在叫我的名字。我们俩跟着护士进入一间小屋,她给我做了基本检查,称了体重,还询问了一些关于我自检怀孕的问题。然后,她带我去了超声检查室。

"恭喜你!"医生一边说一边握了握帕特里克的手,然后又给了我一个拥抱。然后,他解释说,超声检查是确认怀孕的一种方法,可以更加准确地估算胎儿的预产期。很快,检查开始了。几分钟后,医生又说话了,但这一次他说的并不是我希望听到的。他惊叫道:"哎呀!"

我惊慌失措,没想到会是这样。我知道,很多人的第一次怀孕都并不成功。当时我才怀孕8周,这是一个相对不太稳定的时期。医生一定是看到了我担心的表情,于是他又开口说道:"我刚才只是感叹一下,还需要再仔细查看才能确定是什么情况,再给我几分钟。"他一边说一边继续操纵着超声检查仪器。

感叹一下?他检查到了什么才会发出这样的感叹呢?我焦急地转向站在旁边的帕特里克。我盯着他的藏青色衬衫,那是我们去美国西部旅行时买的,上面印着印度的图腾柱,每一根图腾柱上都雕刻着独特的人物表情。帕特里克和我急切地等待着,正当我们目光相接时,医生说了一句话,彻底打乱了我计划好的家庭模式。"双胞胎!你怀了两个孩子,他们看起来都很健康！"他边说边把探测器的音量调大，好让我们更清楚地听到孩子们的心跳。这无疑是一个改变人生的时刻。

当我把这个消息告诉父母和兄弟姐妹时，他们都非常高兴。他们都说，即使我能计划好一切，也无法预料到这一点。确实如此。我的家族没有双胞胎孕史。后来我才知道自己怀的是同卵双胞胎，这种情况发生的概率只有1/105。一个完美且健康的受精卵分裂成两个胚胎，最终会让我得到两个孩子。有人告诉我，这就像是中了婴儿彩票。然而，对我来说，作为第一次怀孕的新手妈妈，这个消息是相当令人震惊和焦虑的。

多年以后，我已经是一个经验丰富的双胞胎妈妈了。我的两个女儿，杰西卡和卡拉，仍会给我带来无限的惊喜。同时，出乎我意料的是，在我宠爱、养育和支持她们的过程中，我的其他能力也随之提高。在为人父母的过程中，这个完全出乎意料的转折让我懂得了欣然接受不确定性的快乐。它还让我体会到，用深思熟虑和泰然处之的方式去拥抱风险所带来的价值。虽然你只能规划你人生的一部分，但当你准备好承担风险时，那些计划外的事情会给你带来最美妙的经历，以你想象不到的方式丰富你的人生。

消除风险的三大误解,找回拼搏的助力

我们知道也许本书中对风险的看法与你之前对风险的理解并不一致。要想更好地理解风险的价值,就必须先转变对风险的 3 个最大误解,因为这些误解可能会阻碍你正确地接纳风险。我们希望帮助你从这 3 个大部分人都会有的误区中跳脱出来,重新认识风险,并将其作为你获得成功的重要助力。

误解一:风险和回报互为对立面

想想你生命里那些最美妙时刻,或者是一些里程碑式的事件,比如金榜题名、结婚生子、职业晋升或比赛获胜。

现在,想象一下,如果你一直按部就班,从不承担任何风险,那么这些美好的经历也许都不会发生。为了实现这些你梦寐以求的壮举,就必须踏入一个充满巨大不确定性的世界,没有人能够算准成功的概率。回想一下考大学或结婚的时候——在这两种经历中,能够顺利毕业和婚姻长久的概率都是五五开。尽管这些决定谈不上"万无一失",但当人们朝着目标迈出这一步时,身边人都会用赠送入学礼物和举办单身派对等方式来表达他们的祝福。

所以,当你反思生活时,就会发现自己承担过某些风险。那么,经历过的风险和现在犹豫不决的风险又有什么不同呢?我们猜测,你已经做过的那些决定,在当时来看并不像是在冒险,因

为这些选择都是符合主流观念的,也就是说,它们可以得到社会的肯定和家人的认可。正因为其他人都在这么做,所以你也觉得冒这样的险是稳妥的。

随着阅历的丰富,我们会对生活产生自己独有的梦想和期待。我们意识到自己有特定的爱好和目标要追求,可能是走一条与众不同的人生道路,而不是庸庸碌碌地过一生。那些看似离经叛道的风险,或者与常规生活不同的里程碑事件,可能会让人感觉更可怕、更有风险。这就是生活中的"谨慎行事"悖论。

往往,只要我们想要对已被广泛接受的"美好未来"寻求突破,我们的本能就会驱使我们开始反省,或者在内心证明按部就班才是上策。然而,做我们想做的事或成为我们想成为的人本身就是非常强烈的人生目标,实现这些目标可以帮我们获得满足感、成就感和归属感。要想鼓起足够的勇气,选择迈向心中的重要梦想,你就需要重新校准对风险的看法。

不要把风险和回报对立起来,而要把风险看作是获得回报的一种途径。承担风险的过程不是一条康庄大道,甚至充满曲折和迂回。这就像一条泥巴小路,崎岖不平,充满障碍,但你会有机会遇见一些志同道合的伙伴。最后,你会发现,自己就像多萝西一样,终于得到了梦寐以求的东西。你只需要相信,你的天赋、能力和在过去承担风险的过程中的表现,这些就是你未来获得成功的重要保障。

安吉有一位朋友，凯蒂·伯托达托，当她意识到自己需要放手一搏来追求她所梦想的成功时，她便义无反顾地踏上一段充满巨大挑战的旅程。幸运的是，她克服的每一个挑战都为她带来了丰厚的回报。她的经历告诉我们，只要敢于重新认识风险，一切皆有可能。

承担风险，积跬步以至千里：凯蒂·伯托达托

凯蒂离婚时，她的银行账户里只有12美元，还要照顾两个年幼的儿子。当时她在一家酒吧当服务员，这能够让她维持温饱，但不足以支撑她和孩子们过上有滋有味的生活，比如全家度假、外出用餐，甚至连拥有一个属于自己的小家都无法实现。她清楚地知道，如果想改善处境，就必须做一些勇敢的改变来提升自己。对她来说，这意味着回到大学继续深造。

对她来说，背上助学贷款的风险极高，因为如果没有成功，她的情况会比刚开始时更加糟糕。然而，她坚信自己必须向前走，因为眼下已经没有回头路了。一开始，她一边工作一边学习，还要养育孩子，经历了巨大的困难，但随着时间推移，她终于在当地的社区大学获得了副学士学位。

得到鼓励的凯蒂一鼓作气,申请了密歇根州的4年制大学。出乎意料的是,她竟然被梦寐以求的密歇根大学录取了。更重要的是,当她收到录取通知书时,她得知自己获得了全额奖学金和住房福利,而这都归功于她"以低收入、单亲妈妈的身份,在高中和社区大学中取得了良好、稳定的成绩"。

凯蒂和前夫制订了一个临时的监护权日程表,安顿好两边的生活——她把孩子们留在原来的住所,又在离家4小时车程的安娜堡找了一处房子来求学。两年来,每周一早上,凯蒂都在凌晨3点起床,开车前往安娜堡,赶在8:30到达学校。她会在学校待到周四中午,然后急急忙忙地开车赶回北密歇根接她的儿子们放学。

在这段时间里,凯蒂不可避免地遇到许多困难,有时也感觉有些障碍无法克服,比如抚养权之争、住房问题和自我怀疑等。然而,凯蒂还是坚持了下来。为了获得学位,她的汽车累计行驶了5万千米。毕业那天,她把孩子们带到学校,当着他们的面激动地接受了毕业证书。同学们受到鼓舞,推举她在毕业典礼上面对着台下1万多名的毕业生和家属发言。凯蒂分享道,求学之路不仅是为了给孩子们创造更好的生活,更重要的是,这让她意识到,如果没有在这次冒险中获得的

> 教训和经验，以及在面对未知时培养的适应性，她就不可能成为现在的自己。
>
> 　　凯蒂现在拥有一家物业管理公司，住在一个高端社区的漂亮房子里，还经常和家人一起度假，过上了比预期中更加优越的生活。她经常提醒自己，只要她还拥有面对12美元存款时放手一搏的勇气，那么生活中就没有什么困难是不能通过专注、坚持和抵御风险的技能克服的。

误解二：风险都是突发事件

　　社会上经常报道那些突发的戏剧性事件，比如交往3个月就闪婚，不是吗？你也一定听到过这样的行动口号——马上行动！长痛不如短痛！辞掉旧工作，迎接新生活！

　　但是，当你面对意义重大的风险时，不要听从这些建议。

　　正确地处理风险需要一系列步骤，先小试牛刀，再步步为营。这些步骤是经过考量、深思熟虑的周密计划，需要循序渐进的行动，而不是突然的颠覆性决策。

　　大胆鲁莽的冒险举动往往会导致不太理想的结果。我们有时会在冲动的选择中吃到苦头，这种仓促的选择通常受到缺乏逻辑分析的情感驱动。如果你曾经一时兴起买过一只小狗，或者在某天深夜购买过电视购物广告上的运动器材，那么你就知道我们说的冲动选择是什么意思了。

谨慎决策意味着认真进行思考,这有助于我们明确自己的期待。而这些想法会变成信念,再由信念变成行动。这个方法可以长期可持续地改变你的思维习惯,帮助你取得成功,同时减少出现负面结果的概率。

我们发现,许多所谓自我引导的改变计划其实在设计上就是有缺陷的,因为这些计划没有遵循科学的思考公式。有些人从一开始有想法就投入行动,从来没有给自己机会去多思考一下。这就像一时兴起开始节食,却没有制订一个可遵循的计划或方案;又或者,因为想学习摄影就心血来潮地买了一台相机,然后发现自己根本不愿意花时间去上摄影课。

在我们的优质客户中,也经常出现这种情况。当猎头公司联系到他们的时候,尽管他们并不打算换工作,但依然愿意听到有人——尽管是陌生人——告诉他们是时候换个环境了。他们感到兴奋,因为对他们来说,这是不同寻常的新鲜事物,得到第三方的认可让他们倍感自豪,以至于来不及细细考虑就仓促做出重大改变的决定,比如举家迁往另一个国家,或者接受一份上下班增加 45 分钟路程的新工作。

我们首先来看一看,猎头公司在其中扮演了一个非常重要的角色。我们认识很多优秀的猎头顾问,也知道确实有人利用他们得到了千载难逢的好机会。然而,我们对大家的指导宗旨始终是一样的：迎接风险的最佳方式是，先确定自己想要做出的改变并做出决定，然后再利用周遭资源有条不紊地实施改变。让改变的决定驱动下一步行动，而不是因为机会神奇地降临而手忙脚乱地做出被动的、突然的改变。

每当我们考虑对新事物采取行动时，总会想到在美国海军陆战队学到的一句话，这句话对我们来说价值非凡——"慢即稳，稳即快"（Slow is smooth, and smooth is fast）。每当开始做一件从未做过的事情时，我们都慢慢地去做，在过程中解决问题，理解并感激这个机会对我们提出的新要求。这种稳步的积累可以让我们在以后势如破竹，最终更迅速地达成目标，减少失误。

所以，在决定承担风险的时候，不要企望一步登天，而是应该稳步前行。这样的话，你会逐渐发现，自己已经与朝思暮想的成功目标越来越近。

如果游戏不适合你，那就去改变游戏：瑞茜·威瑟斯彭

瑞茜·威瑟斯彭是好莱坞最受欢迎的女演员之一。由于广受好评和喜爱，她一直是 Q 评分最高的演员之一。她的电影生涯启幕得很早，16 岁就出演了电影《月中人》（Man on the Moon）。之后，又连续出演了许多大获成功的影片，如《律政俏佳人》（Legally Blonde）和《情归阿拉巴马》（Sweet

Home Alabama)。29岁时,她凭借在《与歌同行》(Walk the Line)中的琼·卡特一角斩获奥斯卡最佳女主角奖项,这部电影讲述了约翰尼·卡什波澜壮阔的一生。至此,瑞茜的事业开始走下坡路。

36岁时,《纽约客》(New Yorker)杂志把瑞茜列入"过气女星"名单,这给她的职业生涯敲上了一记"丧钟",好像在宣布她的事业即将提前结束。然而,这对于她而言,也是一记警钟。她意识到,自己必须重整旗鼓,用心迎接职业生涯的下一个赛季。

值得欣慰的是,尽管没有得到优秀的剧本或有趣的角色,瑞茜还是决定主动出击。她积极迎战的方法是与众不同的,她没有在这种情况下焦头烂额地奔忙。换句话说,更多地扩大人脉,降低片酬随便接下一部电影,以此来重新向世界介绍自己;或者对经纪人提出更高的要求,催促他们去挖掘更好的剧本。这都不是瑞茜所为。瑞茜所做的,是重新审视她所从事的职业。

她的丈夫当时是一名出色的经纪人,他发现她喜欢读书,就建议她不要苦苦等待合适的角色来找她,而是应该选择阅读一些好书,丰富内心的角色。换句话说,如果游戏不适合你,那就换一个游戏。瑞茜开始勤奋地阅读,很快就读了几百本书,不断挖掘书中潜在的价值。2016年,经过充分的准备,她改变了职场战略,创建了Hello Sunshine(意为"你好,阳光")制片公司,推出了一些名利双收的热门作品[比如电影《消失的爱人》(Gone Girl)和令人欲罢不能的电视剧《大小谎言》(Big Little Lies)]。瑞茜并没有止步于此。

无论对于男演员还是女演员,好莱坞在知名和不知名演员之间的薪酬不平等是出了名的。瑞茜希望创建一家内部管理平衡、平等的企业,这样,在她获得成功的同时,其他人也能分一杯羹。传统的好莱坞商业体系在方方面面都采用标准、残酷、竞争的模式,与之不同,Hello Sunshine通过在薪酬等方面实现公正透明来提升演员的幸福感和话语权。瑞茜的公司视野开放、兼收并蓄,总是能挖掘到各种各样的人才。

瑞茜还经常把自己的影响力扩展到相对不知名的作家身上,抓住他们的好作品,帮助他们进入主流媒体。她在网上开设了读书俱乐部,带动人们参与并促进社区建设。

瑞茜·威瑟斯彭就是这样一个人,一个在36岁就被定义为"过气女星"的人。然而,事实上,她的好人气却刚刚开始。瑞茜的成功就是妥善利用风险,她做好背水一战的准

> 备，采取一系列富有创意的措施，成功扭转了自己的窘境。她巩固了自己在好莱坞的影响力和领导地位。值得品味的是，她所做出的一系列慎重的选择，是对她自己和她所从事的行业大有裨益的。

误解三：我们以为自己可以逃避风险

本杰明·富兰克林有句名言：人生中唯一确定的事就是死亡和赋税。这意味着生活中的其他一切都是不确定的，而只要不确定，就会有风险。

对于那些自称从不冒险，或者不惜一切代价避免风险的人，我们要提醒一句，在生活中，这些人面临潜在风险的概率往往比其他人更高，只不过他们自己并没有意识到这一点。例如：

- 不愿脱离一段糟糕的情感关系（哪怕世上充满了更好、更温暖的人，他们也不愿去接近）。
- 没有安排年度健康检查（面对癌症或心脏病家族史仍讳疾忌医）
- 拒绝开诚布公地交流（总是寄希望于问题会自行解决）。
- 将所有储蓄投资在老板发放的股权上（而不是分散投资的组合）。

- 把时间浪费在与自己的价值观或优先事项毫无关联的追求上。
- 错失终极的满足感和快乐（总是轻言放弃，无法坚持一个对他们来说很有意义的目标）。

人们通常以为，通过增加储蓄金额、明智就业、取得与工作直接相关的"理想"学位，或是购买市场上安全系数最高的汽车，就能避免风险，但现实是，我们永远无法彻底规避风险。我们能做的只是减少风险发生的概率。最好的方法是，学会接纳风险。

承担小风险，引发大改变

克服你对风险的误解可以让你进入一个成长和发展的新时期。

想想你认识的那些敢于冒险并解锁成功密码的人。比如，某位朋友创办了一家青年娱乐联盟；某位同事接受了公司"远程工作"的政策，现在每个季度都住在全国各地的不同公寓里边旅行边办公。

这些人的成功告诉我们，当你有意识地接纳风险时，你的生活就会得到改善，身边的人也会不可避免地受到影响。不管你是否意识到这一点，你身边重要的人，比如子女、伴侣、带领的团队或服务的社区都会从你身上寻找方向和灵感。他们从你身上得到暗示,当你容光焕发、精神振奋、志得意满时,他们会感同身受,并受到你的影响。

过去,我们花很多时间与管理者进行直接合作,帮助他们重新整合团队。这些人带着由衷的真诚和开放包容的态度来到我们这里,寻求提升自己的方法,从而使自己变得更好,进而帮助团队变得更好。他们不仅想要另辟蹊径,还想通过一些屡试不爽的方法,来帮助自己迅速完成提升。幸运的是,这正是我们的强项。不过,我们会提醒他们——这些方法会需要他们做一些之前从未做过的事情,这是我们对于承担风险训练的不成文规定。

接下来的案例会让我们看到,一点点小风险如何引发了巨大的积极改变,就像克雷格的经历一样。

职场中的风险:在冒险中发现新的工作方式

克雷格在一所规模不大的学院担任院长。有一次,参加完我们的领导力提升活动之后,他决定邀请其他院长每月共进一次午餐,向他们介绍领导力的概念。这种午餐推介会的设计很简单——在会议之前,克雷格会分享一本书的节选、一段 TED 演讲或 YouTube 视频,选定一个关于领导力的话

> 题,要求每个人参与其中并提出想法,以便在聚餐时进行讨论。当所有人聚在一起时,克雷格便就这个话题引出对话,确保每个人都有机会分享自己的观点,再用这些观点来指导他们的团队和工作。
>
> 克雷格分享说,在定期召开午餐会议之前,他那些同事经常为了争抢教学资源而争吵,哪怕是十分简单的情况下,他们也拒绝开展合作,仿佛他们的工作就是为了在做强自己学院的同时并破坏其他学院,于是,他们沉迷于相互对抗。后来,他惊讶地发现,当他引入领导力概念(如团队信任、信誉和责任)后,这些同事之间的对话和合作逐渐发生了变化。正是他所承担的风险——重新构思会议和分享新观念的做法,改善了他的工作环境。

我们面临的风险同样也能改变工作环境,而且毫无疑问会将我们对团队的贡献度推向顶峰,而这个结果正是我们努力追求的目标。

通过星际领导咨询公司,我们不断强化积极心理学的影响,这个概念是亚伯拉罕·马斯洛博士在1954年的开创性著作《动机与人格》(*Motivation and Personality*)中提出的。在他的研究问世之前,心理学专注于治疗疾病,以及克服与人类缺陷和疾病有关的消极因素。马斯洛的巨作为心理学研究带来了历史性转折，为一些振奋人心的研究奠定了基础。他帮助我们了解，如何才能做得更好。马斯洛理论中所说的"更好"，就是指通过激发才能和潜力，来享受有价值的人生。

我们都能变得更好。所谓更好，并不是说你需要变得更繁忙，承担更多工作。有时候，变得更好是希望你重新定义现在所处的位置，思考如何利用自己的技能去寻求一种新的生活，把每一天都当作一个新的机会，拥抱风险，让生活为你服务。

我们相信，你的心中一定拥有一个目标，或者是一个没有实现的梦想，甚至是一个你暗自策划了许久的行动方案。要相信，你所期待的东西万分重要，不该听天由命，你的梦想也非常激动人心，不该无限期地搁置下去。你现在已经拥有了迈开脚步所需的一切，是时候采取必要的行动，去追寻你想要的生活了。

当然，生活中总是会有一些原因导致你认为现在不是合适的时机，也许明年才会是你迎来转机的一年。不过，这种思维方式无法帮助你改变生活，也无法带你到达想去的地方，但它却很可能让你与梦想背道而驰。这样的想法会让你拥有一眼就能看到终点的未来，而当你有一天回忆起这些时刻时，你会对自己说，"我多么希望自己当时能……"

各种研究表明，敢于冒险的人更快乐、更成功、更有成就感。我们希望你也如此。我们真诚地帮助你学习如何接纳风险，实现愿望。当你越来越习惯在生活中承担风险时,我们还会告诉你该如何利用风险去改善生活。当你想象如何在对抗风险中取胜时,我们万分相信,你拼尽全力的放手一搏将以难以想象的方式带给你高额的回报。

第二章

转化风险放手一搏，挑战人生的无限可能

> 你决定成为什么样的人，就注定会成为什么样的人。
> ——珍妮特·查姆普和夏洛特·穆尔
> 1991年的耐克广告语。

速览导读

这一章将帮助你建立对自己的看法及定义你与风险的关系，这样你就可以对自己真正的能力有一个全新的认识。

思想启迪

要想放手一搏，你就必须了解自己，并学会相信自己。

承担风险是一种后天习得的能力，这意味着如果你对现在的

状态不满意，就有机会找到一种全新的状态。

建立自信能增强你承担风险的能力，让你积累经验，朝着你期望的方向前进。

问个小问题：你多大了？

无论你如何回答这个问题，都是为了了解自己投入的时间成本。没有人比你更了解自己。

与此同时，还有个问题：你有多了解自己？

对于具备自我意识的人来说，他们真正地了解自己，接纳自己所拥有的各种能力。他们知道自己擅长哪些方面，同样也知道自己在哪些方面存在不足。虽然他们也很看重外界对于自己优势和缺点的判断，但随着年龄的增长，他们的能力还会增强，所以他们更偏向于相信自己对自己的了解和判断。

对于那些在实现自我意识的旅程中有所收获的人来说，这正是它的美妙之处——因为这是旅程而不是终点。这是一场有意义、有内涵，而且永不终结的追求，你需要的只是一种开放的心态和对于自身优势、天赋、欠缺和探索方面永不磨灭的好奇心。

在建立自我意识的同时，你也要考虑该如何处理对你有用的信息。了解自己并不意味着你正朝着与你的兴趣、偏好或价值观一致的方向前进。我们见过太多明智之人，他们对自己足够了解，知道自己要么走错了方向,要么是在追寻别人为他们设定的目标。只有冒险才能帮助他们走上自己想走的路——当然你也可以改变自己的未来,确保自己每天都在生活中为重要的事情而努力。

自我意识内涵宽泛,涵盖了从饮食偏好到如何化解矛盾等多个方面。为了帮助你更好地承担风险,我们希望将话题集中在以下三个关键领域:

▶ 培养自立能力。
▶ 了解自己的风险处置偏好。
▶ 积极培养自信。

需求导向:高质量拼搏的有效策略

你听过《拯救自己的公主》("The Princess Who Saved Herself")这首歌吗?这是一首朗朗上口的歌曲,讲的是一位公主决定不等别人前来搭救,而是靠自己击退了巨龙和女巫,后来又和他们组建了一支乐队的故事。这首歌是由程序员出身的音乐家乔纳森·库尔顿创作的。虽然库尔顿的音乐风格更适合成年人,但他还是为一张慈善专辑写了这首儿童歌曲,以鼓励海地的小朋友。他分享说:"由于女儿痴迷于公主梦,所以我不得不经常思考并和她谈论各种公主。我希望我的女儿长大后能坚强勇敢,所以我创作了歌曲中的公主形象。"

库尔顿在歌曲中传递的态度对我们所有人来说都不容置疑，那就是，无论你是王子、公主还是平民，没有人能救你。只有你内心的力量可以帮你抵御困境、迎来转机。每次你"拯救"自己，你都能变得更敏锐、更优秀、更强大。本质上，你将变得更加自立自强。

美国19世纪作家和诗人拉尔夫·沃尔多·爱默生，在1841年的一篇名为《论自助》（*Self-Reliance*）的文章中向公众介绍了自立自强的概念，他告诉世人，避免自我或社会强加于你的从众心态的最好方法，就是认清自己是谁，并且勇敢地为自己的目标而奋斗。

是的，勇敢地为自己的目标而奋斗，这是我们非常热爱的一句格言。在人生旅途中，身边的人们难免会对你产生期望和要求。虽然听取他人的建议有时的确有益，但是，每个人都对自己的梦想和目标享有自主权，每个人也都应该追寻真正属于自己的生活。只有这样，当你意识到自己的真实需求时，才会觉得为自己的真实需求拼搏是正确的选择。

"巨石强森"也曾自我怀疑：道恩·强森

道恩·强森在早年就必须学会信任自己，因为在职业生涯中，他曾面临巨大的挑战。大学毕业后，他未能入选美国国家橄榄球联盟（NFL），在考虑了就读法学院或加入美国联邦调查局（FBI）等选项之后，强森还是决定像父亲和祖父一样，从事职业摔角工作。强森作为职业摔角手，用的是"洛奇·麦维亚"这个名字，这是他父亲和祖父作为摔角手名字的组合。强森很快就成为世界摔角协会[现在称为世界摔角娱乐（WWE）]冉冉升起的新星之一。

世界摔角协会称强森是第一个继承三代摔角衣钵，轰动业界的人物，并鼓励他树立一个干净、年轻又阳光的形象。最初，粉丝们喜爱他，世界摔角协会（这个协会通常会提前决定所有摔角比赛的获胜者）也提前为他锁定了职业生涯中的第一个"强者生存"竞赛的冠军。仅仅几个月后，该协会又决定授予他梦寐以求的洲际冠军头衔。

在强森收获成功的早期时光里，世界摔角协会的粉丝群体在不知不觉中发生了变化。随着这项运动进入"恶劣态度时代"，相貌清秀的"好少年"人设逐渐失宠，粉丝们更希望强悍的"不法之徒"获得最高奖项。观众开始排斥"洛奇·麦维亚"，在他夺冠后亮相时不停发出嘘声。由此，负面情绪渐渐淹没了强森。在赛季尾声，他受了伤，回到家中休息，同时为自己的未来重做打算。他担心自己的摔角生涯会慌乱地结束，于是他醒悟到自己必须做出一些改变。

他会见了世界摔角协会的管理层,他们同意让他回归赛场,但条件是把他安排到"称霸全国"组合当中,这是一支由更粗暴、更强硬的摔角手组成的队伍。强森意识到这支队伍更适合真正的他。他也相信,长久以来"洛奇·迈维亚"的表现也让粉丝并不相信他会是个"小白兔"。粉丝们和他一样,想要为一个更真实的人物形象而喝彩。强森想要与观众建立一种默契,不再扮演一个微笑的老实人,而是做回真正的自己——一个坚强的竞争者——某些时候他积极友善;而另一些时候则准备好给出雷霆万钧般的一击。

不久之后,"巨石强森"横空出世,他成为这个行业历史上最伟大的摔角手之一。通过卓绝的努力,强森终于摆脱了父亲和祖父的影子,摆脱了公司塑造的角色,开创了属于自己的非凡职业生涯。

强森曾在采访中谈到2009年的低谷期,他说:"从职业角度来说,我不能破釜沉舟,因为我不习惯这样。"于是,面对困难,他选择先休整一下,并且后来意识到自己需要一次彻底的转型。于是,强森加倍努力,向经纪人表达了他想成为电影、健身和社交媒体人物的职业愿望,可惜经纪人并不能理解他的构想。他迅速换了公司,决定再次放手一搏。如今,巨石强森已经成为一位享有国际盛誉的票房巨星。他

> 是自立奋斗的典范,并且时刻为自己感到自豪,因为他知道自己向来是工作最努力的那个。
>
> 很难相信,像巨石强森这样的传奇人物也会经历和我们所有普通人一样的自我怀疑时期和职业瓶颈,但这就是真实的情况。自立奋斗对我们每个人来说都是一项挑战,克服这个困难的最佳方法就是彻底找出到底是什么阻碍了你前进的步伐。克服困难将是你"放手一搏"旅程中的关键突破。

越是拒绝改变,越会障碍重重

问问自己:为什么在追求重要目标或梦想的路上,你始终没有迈出成功的第一步或是完成一件关键的里程碑事件?是否有一些外在原因?

- ▶ 时机——也就是"现在不是合适的时机"。
- ▶ 金钱——是不是不够?
- ▶ 其他人——缺乏关键利益相关者的支持?

或者,你的障碍是内在的:

▶对错误和失败充满恐惧？

▶无法分清轻重缓急？

▶没有坚持到底的决心？

▶过去的某些失败经历动摇了你的信心？

当然，也可能存在其他阻碍因素。想要放手一搏，就需要先了解是什么阻碍了你。然后我们要告诉你，一切障碍都是可以克服的，没错，我们说的就是一切。

在致力于提升领导力的几十年里，我们还没有遇到过任何一个梦想是这些领导者可望而不可即的。相反，我们遇到许多人，他们让恐惧、担忧和不安感蒙蔽了对成功的渴望，尽管成功对他们来说至关重要，但他们却仍然被困在原地，无法做出必要的改变去追求梦想的生活。

恐惧比失败更能扼杀梦想。了解恐惧与风险的关系，会让你认识到自己的风险处置偏好，也就是你与风险之间的关系。这会让你意识到自己所面临哪些风险，以及需要做些什么来控制风险，这样它就不会阻碍你实现最重要的目标。

接纳"风险"，是让生活"可控"的最佳途径

听到"风险"这个词时，你的反应是什么？对于极度厌恶风险的人来说，这会让他们紧张得心跳加速，手心出汗。他们很快

就会从"开门营业"的心态转变为"对不起,打烊了",因为他们的脑子里充斥着关于损失(而不是预期收益)的恐慌。

另一方面,对于那些喜爱跳伞、与鲨鱼同游,甚至操作股票短线交易的人来说,他们可能会受到寻求刺激因素的影响。冒险的想法让他们血脉偾张,以至于他们在完全了解自己可能承担的财务、情感和身体风险之前就"一头扎进去"了。

你对风险这个词的反应至关重要,因为只有你自己知道,风险带给了你怎样的感觉。然而,当谈到承担风险时,对你更有价值的因素是,无论你在哪里,你都可以尝试改变。因为,承担风险是一种后天习得的行为,这意味着如果你对现有的关系感到不满,就可以尝试与它重新建立一种新的联系。

重要的是,你要清楚自己对风险的态度会受到生活中各种经历的影响。我们想把讨论的重点放在最基本的生活要素上,它源于你生命中的关键人物——父母,尤其是你的母亲,或者是其他代表着母亲形象的人。从你生命的最初时刻开始,母亲如何看待和应对风险就对你产生了巨大的影响。

在心理学家弗里德里克·格鲁尔和罗纳德·拉佩进行的一项研究中,研究人员想了解母亲是否会影响,以及是如何影响孩子的恐惧感的。毕竟,恐惧是目前已知的人类最大的风险"阻断剂"。他们设计了一项实验,让幼儿体验新奇的、基于恐惧的刺激,比如让幼儿观看蛇和蜘蛛的图片。这些图片与他们母亲的照片配在一起，照片中的母亲面部表情或痛苦或愉悦。几分钟后，这些蹒跚学步的孩子再次观看同样的图片，而这一次搭配的母亲照片给出了平静的表情。实验结束时，猜猜看，对这些幼儿影响最大的是哪一组图片？你一定猜到了——母亲的痛苦表情会让他们坐立不安。

虽然这项研究的结果并不出人意料，但我们希望这能给我们带来启迪。随着时间的推移，通过对母亲察言观色，你就会知道什么时候该兴奋，什么时候该害怕。如果你的母亲谨慎而紧张，你就能学会规避风险；或者，如果你的母亲支持并鼓励你去探险，那么你的人生从开始时就会对风险有更高的容忍度，更愿意为自己赌一把。

了解这项研究后，我们就发现，早年做出的一些大胆的选择意义非凡，比如加入美国海军陆战队——一个拥有17.4万名成员，其中只有约1000名女性军官的组织。虽然我们一直相信，正是有了父母的支持，才使我们的这个决定看起来不那么令人生畏，但我们从未真正考虑过，母亲的教育方式对我们做出这个郑重的决定产生了多么大的影响。

现在，当你回忆并思考你年轻时的经历时（这些经历有些大有裨益，有些则不堪回首），你要记住一件事：这些记忆并不是要让你对母亲痛加指责，也不是要让你发出一连串"我本应该、我本可以、如果重来一次"之类的感慨。因为这世上没有时空飞船，你无法倒退回那些关键时刻,你也无法改变你已有的人生轨迹。

我们只是希望你审视清楚,你是谁、你在哪里,有了这些对自己的了解,你就可以利用现有资源来改变你对风险的认识,发觉你的自我意识和一些可以充分挖掘的内在资源,让你拥有能够面对生活中不确定性的好心态。

不接受风险,本来就有风险

你可能没有意识到这一点,但当你面临风险或正在考虑冒险时,你的脑海中正在进行一场战争。在这些时刻,你纠结的是:

- ▶ 我是否应该再次和伴侣商量这件事?
- ▶ 我是否应该告诉老板我申请的是另一个小组的职位?
- ▶ 我是否应该担任儿子所在团队的志愿者教练?
- ▶ 我是否应该在团队会议上发言并提出这个观点?

这场"战争"发生在两种共存且相互竞争的心态(即预防心态和进取心态)之间,而这种心理斗争相信每个人都有过体会。预防心态告诉你要谨慎行事,不要轻易打破现状;而进取心态则告诉你,没事,去做吧,你能做到。面对心理斗争时,你并不应该站在一边,任由两种心态"短兵相接",直到其中一个获胜——毕竟,我们鼓励的是主动承担风险,而不是对这场心理斗争冷眼旁观。相反，我们先要明白这两种心理状态彼此依存，然后根据实际情况在必要时刻做出正确抉择。

进取心态关注的是自我发展和成长，并朝着对你和你的目标最重要的方向勇敢前进。当你走出家门，拥抱新事物时，这种心态能让你渴求成功并更加期待实现目标后所带来的满足感。它为你提供了动力，让你伸手去触碰你渴望的东西，以及不断提升自己，在自己的追求之路上持续前进。

预防心态关注的是你的安全需求，通过思考，你会知道自己哪些方面可能会出问题。进取心态激励你去追求目标，而预防心态让你保持现状，因为对损失的恐惧会在你做决定时发挥主导作用。

不管在哪种情况下，这两种心态都可能发挥主导作用。问题往往在于哪种心态是正确的选择？通常，答案取决于你设定的目标和所处的环境。

有些时候，听从预防心态的指引更有价值，比如当你精疲力竭的时候。也许你生完孩子不久，而且刚刚还换了一份新工作，那现在可能不是你加快装修计划或者学打高尔夫球的好时机。在这样忙碌的时刻，你可能更需要一种预防心态，同时让你的进取心态休息一小会儿。

同样，有时候预防心态需要让位于进取心态，比如你在工作中承担了一个新的角色，正面临着创新的挑战。那么，现在不是故步自封的时候，而是应该抓住机会尝试新想法、测试新产品、制作模型，积极试错，快速将学习成果转化为实践。

正如接下来安吉将要分享的经历，当你需要进取心态推动新想法时，你要提醒自己，你将依靠的是自己的优势，所以，请暂时忘记自己的不足。

让进取心态发挥主导作用：安吉的故事

"如果你想写一本书，就必须先搭建一个平台。因为如果没有人知道你是谁，那人们为什么要买你的书？所以你应该先向企业传播领导力概念，建立受众群体，这样才能获得出版商的青睐。"

21世纪初期，当考特尼和我打算出版第一本书时，我们的文学经纪人就给出了这样精辟的建议。事后看来，我们那本书的内容算不上深刻，却因为独特性引起了这位经纪人的注意——这是一本由两个女人写的关于美国海军陆战队领导力课程的书。但经纪人向我们表达的意思是，如果我们想继续从事这一行，需要做的不仅仅是写一本好书，而是成立一家公司来支持它。

然而，现实是严峻的，因为我们根本不知道如何创业。我学的是英语专业，因为我喜欢文字，但是我对数字毫无概念。考特尼和我决定，如果要开始做生意，就需要我们每个人都参与投资，让公司运作起来。投资费用每人大约需要5000美元，这可不是一笔小数目。因为，当时我刚结婚不久，又刚刚买了第一套房子。那时我真的拿不出5000美元来投资，而这就意味着我必须用信用卡支付一部分前期投入。

同时，我也很害怕。如果公司起步不错，前景光明，我就会辞掉药品销售的工作，全身心投入星际领导咨询公司的发展中。换句话说，我需要放弃一份丰厚而稳定的薪水，而且不知道要花多长时间才能恢复高收入。现在很难想象，但在当时我确实开始抗拒未知的事情。也就是说，如果我冒险的话，会为生活勾画出一个宏大而美好的愿景，同时我又希望自己能在已经拥有但不甚满意的稳定生活中找到平静和幸福。

我清楚地意识到，自己已经开始自我怀疑，并罗列出所有不应该做这项尝试的理由，即使这件事情是在情感和能力上都真正吸引我的。然后有一天，我决定换个角度，开始问自己为什么我应该去尝试。通过这种方式，我最终还是让自己的进取心态占据了上风。

重要的事情要先做。我知道自己善于写作，哪怕这方面的工作令人挠头，但我相信自己可以胜任。作为一名公共演说家，我也很享受这种状态，所以在公众面前演讲对我而言也不难。并且，我在销售部门工作了3年，所以我在业务拓展方面积累了不少经验。

然后我又评估了一下考特尼，以及她的能力。鉴于她是一名律师，所以她懂得很多创业的规矩。此外，她在市场营销方面也有朋友，可以帮助公司确定需要怎么做来建立和运行我们的品牌。同时，她还是一个有远见的人，擅长对公司的长期发展道路做规划。考虑到我本身在这方面有所欠缺，所以我在创业过程中会需要她的帮助。我不是一个有远见的人，而更像是一个规划者/执行者类型的人，我可以独立地执行一个计划。

我记得，当时我们汇聚了各方面的优势资源，欣赏彼此并互补，并由此造就了一个卓越的团队。当考特尼和我交流，确认我们都要参与投资时，她曾说了一句令人难以忘怀的话："这件事情，舍我其谁？"是的，如果我们不能把这事做好，又有谁能做好呢？

放手一搏，舍我其谁

那时我们就决心放手一搏，现在依然如此，坚持用进取心态激励雄心壮志，坚信凭借我们的优势可以攻克一切难关。我们经常用"舍我其谁"鼓励彼此。我们取得的成就越多,遇到的卓越人士越多,就越发意识到,并没有什么特殊能力或超级秘方能彻底将成功者和失败者区分开来。成败的决定因素之一是你愿意放手一搏,并且为了目标持续努力。那么,当我们遇到障碍或是面对阻碍前进脚步的弱点时应该怎么办呢?答案就是,积极寻求他人的帮助。

在你打拼的过程中,也不应该羞于寻求帮助。但实际上,一些不那么困难的问题可以依靠自己的力量获得解决,比如,当你考虑接纳风险时,可以先关注自己脑海中正在进行的斗争,了解是什么在主导思想斗争,认识到这是你的预防心态还是进取心态。然后,你就要选择一种心态占主导地位,确保这种心态适合眼前的实际情况。你可能会分析,通过与自己的思想融合,你对预设风险的接受程度比以前更高。就像我们一样,时常告诉自己,舍我其谁?如果你不能通过努力收获成功,谁又能获得成功呢?

迎战风险,是积累经验最快的办法

从心理层面上讲,你的风险处置偏好会让你为承担风险做不同程度的准备工作。然而,真正要勇敢地迈出第一步,还需要"信心"的推动。

我们非常喜欢这个话题,甚至专门针对"建立自信"开发了一项全天候课程。这节课总是十分有趣，我们围绕树立信心的策略，以及关于其起源展开讨论，每次在研讨会上抛出一个简单又带有引导性的问题时，气氛往往尤其热烈。这个问题是：

获取经验和树立信心到底孰先孰后？

换句话说，是经验给了你尝试新事物的信心，还是信心带你寻求新的经验？

我们发现，几乎在每间教室里，关于这个问题的讨论都最为激烈。一部分人能够充分地论证为什么在建立自信之前必须先有经验；另一些人则会告诉你，你必须有信心，才能让自己有机会积累经验。

那么，正确答案是什么呢？虽然这两种观点都能找到非常翔实的案例支撑，但我们的想法是，更倾向于把对自信的需求放在经验之前。

积累经验往往需要经年累月的时间，这会让你觉得自己似乎永远都没有足够的资源去做想做的事情。而自信是一种情绪，它可以在一瞬间就给你行动的勇气。两者缺一不可。不过，当涉及承担风险时，你还是需要先有信心来掌控局面，因为你正在涉足一个你并不掌握第一手经验的领域。

放手一搏的过程也需要你认清自己的价值。这种认知源于在迎接考验时相信自己，这是自信的真正含义。有趣的是，当我们面对挑战时，有时会相信他人胜过相信自己。你需要抵制这种寄希望于人的想法，相信自己有足够的天赋、技能、智慧和动力去实现你心中的目标。但是，仅仅靠我们或其他人相信你是不够的。你必须相信自己。

建立自信，你需要增强人生角色的可塑性

自信是在冒险的过程中建立起来的，这些风险让你迈上积累经验的舞台。积累经验不是手忙脚乱地应付突发、偶然的风险，而是通过自己的能力来确定你自己想要做的事情，然后致力于将其付诸实践的过程。比如，如果你想在 5 千米竞速赛中跑出更好的成绩，最简单的方法是，先评估你目前的速度，再设定一个目标，然后为实现这个目标而努力练习，逐步缩小理想和现实之间的差距。

但是，我们也知道，大多数期望目标不是靠这种方法来实现的。要跑得更快，可能不仅仅要在跑步上下功夫。你还需要研究营养学，了解身体需要什么样的补给才能达到更佳状态。或者你可以请一位专业教练来帮你制订训练计划，为你的成功助力。另外，你也可以和朋友分享你的目标，让自己有动力取得进步。

为了实现提升成绩的目标，除了身体上的锻炼外，还需要情绪上的准备。你必须强迫自己把训练安排到优先事项上来，同时

用具体行动去确保你自己确实在坚持训练。总有一天，你会对你的跑步成绩感到满意，然后你就可以转向别的目标。日复一日，你将习得应对挫折、失意，甚至是繁忙生活的能力，而这一切将帮助你最终取得成功。

你为改善现状而做出的努力也是建立自信过程中必不可少的环节，而且这一环节本身是有风险的。一旦我们下定决心要在某方面做得更好，就应该明白，我们正承担着失败的风险。当我们成功时，我们会得到自信和经验。如果失败了，只要通过反思和学习，我们一样会得到有益的经验和信心。可以反思的内容包括：

- 为什么这次没有成功？
- 当初应该怎样做才能成功？
- 目标是否仍然重要，我是否愿意承担风险再试一次，哪怕仍有失败的可能？

作为我们共担祸福的"好朋友"，失败其实是在逐梦途中必须支付的学费。而信心给了我们再次尝试的勇气，让我们获得比最初尝试时更丰富的经验和更大的希望。

树立信心需要不断挑战我们的可塑性。这并不需要杰出的天赋或超人的才能，而只需要我们踏上生活的舞台，在自己身上碰碰运气。为了鼓足勇气迎接挑战,我们就得明白,生活快乐与否并不取决于我们设定的目标,而是取决于我们如何拥抱和体验或好或糟的人生之旅。无论我们设定并追求的是小目标还是大梦想,当我们避开陷阱、克服挫折、跨越低谷和障碍,成功到达目的地时,我们的信心必然会大大增强。

你尝试过的事情越多,就越能建立起自信。你建立的自信越强,就越敢于放手一搏。

直面恐惧,没有尝试过才最让人"后悔"

在我们的社会中,"尝试"受到了非常不公正的指责,也许尤达那句名言:"要么去做,要么放手,没有尝试一说(Do or do not, there is no try.)。"更加把"尝试"定死在了一个卑微的地位。

不过,我们还是要面对现实。我们都很幸运,因为我们知道自己放手一搏的结果绝不会影响整个世界或是宇宙的未来。所以,让我们暂时放下压力。你为了树立自信而获得的经验,就像分析应该把赌注押在哪里一样简单。我们不应该害怕尝试。

我们帮助过很多人取得更大的成功,我们发现,他们当中很少有人会说后悔尝试过某些事情。更常见的是,我们看到优秀的领导者长期保持一种开放的心态,努力鼓起勇气,向看似可怕的未知领域迈出一步，这就是人们通常所说的"追求梦想"。

在这种开放的心态中，人们会分享许多他们不打算冒险或尝试新事物的原因。大多数人会以经济原因为理由，说他们不能冒着提前退休或失去生计的风险去改变生活。有时，他们还会把不愿承担风险的原因归结为缺乏天赋或才能。又或者，他们还会发出哀叹："你的能力不重要，人脉才重要。"他们表示因为自己的人脉不足，没有人能帮他们打开梦寐以求的机会之门。他们甚至可能会解释说，如果遭受失败，会让他们的履历看起来很糟糕，他们相信这一纸履历比生活中充满机遇和有深度的经历更有力量。

如果发现自己一直在拖延，不敢去尝试自己真正想要追求的东西，那就记住这一点：

要想拥有放手一搏的勇气和信心，尝试必不可少。

勇气不是没有恐惧，而是拥有敢于直面恐惧、勇往直前的魄力。拥有勇气，我们才能在自立奋发的道路上建立自信，准备好迎接人生中的关键时刻，以及让我们收获快乐、满足和成就的决定。当然，我们也会自豪地回忆起那些瞬间，因为我们听从了内心的声音，选择了相信自己，并作出了对自己最有利的决策。

关键时刻的自立精神：考特尼的故事

"相信自己，考特尼。"我坐在办公室里，一边用手指转动钢笔一边自言自语，希望每转动一次钢笔都能想出一个解决当前困境的方案。

6个月前，我突然开始竞选公职。我们郡监事会的地方代表在任期内去世，当地希望我竞选他的席位。我花了很长时间思考，确定自己是否能平衡这个职位和我在星际领导咨询公司的工作，以及我是否真的想接纳这项任务。当我得到肯定的答案时，便全力以赴地参与竞争。在初选中取胜后，我顺利成为候选人。

距离选举只有5个星期了，在即将迎来选举日的最后冲刺阶段，我的对手正在不顾一切地对我发起攻击。在决定参加竞选时，我的主要想法是为我们生活的地方增添更多的美好。在选择加入竞选地方公职的斗争时，我向自己、团队和努力支持我当选的志愿者承诺，我将积极进行一场富有成效的竞选。我会关注问题、人们的观念和改善社区的机会，而不是一味抱怨。

然而，我的对手却选择了一条截然不同的道路。他的团队在该地区的邮箱里塞满了邮件，里面的照片都是经过图片处理的，照片上的我在一些我没去过的地方"参加"了一系列活动。他的支持者还创建了一个虚假的脸书账号和主页,试图诱骗我对其发表评论,好让他有机会歪曲我的言论。他的团队使尽浑身解数,似乎就为了证明对手的消极、谎言和荒谬,这些行为让很多人都十分讨厌政治。

我的团队因对手不断泼脏水而变得疲惫不堪。现在,我的顾问们劝说我也改变计划。他们不只是关注问题本身,而是想让我回击,拿出战斗精神来回击他们的造谣生事。他们挖出了我竞争对手的丑事,甚至还起草了一份同样言辞激烈的邮件,希望我发送出去,为自己发声来反驳对方的言论。对我来说,团队提议中的计划与我的本意背道而驰。于是,我在办公室里,一边转动着钢笔,一边考虑这件事。

我刚刚挂断一位最忠实支持者的电话,她也敦促我应该用邮件进行回击。她说尽管她很担心,但这是我们唯一的希望:"我们必须以其人之道还治其人之身,考特尼。这是在势均力敌的竞争中获胜的有效方法。现在是时候了!"她催促道。

经过认真思考,我意识到这次竞选活动与我所看重的事情完全背离。我知道,保持正面形象、坚守正义的初心不会成为自己团队和支持者的首选,但我决定不能让自己因为参与竞选就变得像其他政客一样龌龊不堪。我已经准备好迎接失败,于是信守我在开始时做出的承诺,开展积极的竞选活动。虽然我的团队没有因为我在这一关键时刻的自立精神而占尽风头,但这个选择带给我极大的平和和精神力量,得以让我在投票开始前充满活力地做好竞选准备。

在选举的前一晚,外界预测说这次竞选难分胜负。我对团队的主要成员表达了感谢,并告诉他们我是多么珍惜他们付出的时间和精力,以及尽管很有挑战性,我们要如何努力以不同的方式做事。而且,无论结果如何,我们都有很多值得骄傲的地方。

整个选举日,我都在投票站与选民握手,感谢他们的支持。投票结束后,我回家洗了个澡,换了衣服,准备收看计票直播。很快,我就知道自己在竞选中似乎开始占据上风。最终,我以11%的优势赢得了竞选,而这个差距被认为是压倒性优势。

那天一大早,我接到美国参议员打来的祝贺电话,然后我对这次竞选再次思索了一番。虽然获胜的感觉很好,但让我感觉最欣慰的是,当大多数人鼓励我改变方向时,我选择了坚持自己的价值观。不过,讽刺的是,我的公职生涯没有持续很久。虽然我赢得了一场大胜利,但很快就发现担任民选官员并不适合我。因为,一是我并不看重这个角色带来的权力、地位和声望；二是我发现在这个环境中，想要保持真实的自我越来越难。

随着时间的推移，我意识到在私营公司工作对我来说是一个更好的选择。最终，我辞去了公职，但我对自己曾经参与政治而付出的努力无怨无悔。

我非常珍视这种只有通过尝试才能获得的经验和体验。当我们朝着梦想迈进的时候，并不总能到达我们所期望的地方，我们所得到的收获也并不一定总是我们最初所希望的，但是，这些收获仍然具有价值。

如果当时我没有抓住这些机会，那么我现在可能仍会对政治生活感到好奇（或做着白日梦）。而现在我不仅有所认知，而且自己的判断力也更加清楚和自信了。

给自己的机会越多，你就变得越强

每个人都憧憬幸福的生活。我们不希望自己在生命的尽头留下诸多遗憾。当你敢于放手一搏，你无疑会经历挑战、失误和许多荣耀时刻。最重要的是，你将过上一种对自己有意义的生活。当你坚持梦想和愿望时，即使最糟糕的结果，也能让你从失败中获得更深刻的自我认知。这些体验会增强你进行自我调整的能力。

放手一搏是在人生道路上不断突破自我的好方法。这是你开启任何激动人心新篇章，或者在最重要的关系中充分展现真实自己的起点。当你相信自己的时候，就相当于给了自己最好的机会，在人生旅途中找到幸福并保持下去。就像锻炼肌肉一样，你给自己的机会越多，你就变得越强。

说到实现自己的梦想，除了你自己，还有谁能做得比你好呢？虽然不是每一次尝试都会有回报，但如果你一直都没有勇气放手一搏，持久的回报就更加无从谈起。毕竟，对于人生来说，舍我其谁呢？最适合过你所想要的生活的人是谁呢？当然是你自己。

02

第二部分

能力提升:掌握抗风险能力,成功先人一步

第三章

用目标倒推行动，唤起无限创造力

> 如果你想获得幸福，就设定一个目标，让它来指导你的思想，释放你的能量，启发你的希望。
>
> ——安德鲁·卡内基

速览导读

这一章将告诉你如何提高梦想的质量，这样你就可以对行动负责，并愿意一如既往地放手一搏。

思想启迪

勇于冒险并不意味着追求不切实际的梦想。当我们的梦想更具合理性时，成功的概率就会提高。

建立行动偏好是你表明自己锁定目标的方式。

不要等待机会从天而降,因为生活不是在市场上排队买菜。把握机会,当仁不让。

在我们的一生中,听到关于梦想的指导最多的一句就是:梦想要远大。然而,距离我们第一次听到这句话,如今我们的生活已经发生了翻天覆地的变化。

首先,做白日梦的概念对于现在已经成年的你来说,听起来很不可思议,不是吗?听到梦想这个词的时候,你的脑海中还会浮现出骑着独角兽飞向彩虹的场景吗?或者会想着要逃到《爱乐之城》(*La La Land*)里的那种不切实际、无法企及但又充满魔力的世界吗?

另外,成年之后,我们的梦想和年轻时的雄心壮志大相径庭。偶尔的空闲时刻,比如在火车上、在长椅上、看着孩子在公园里玩耍或者在候车室里时,生活中总有些琐事分散我们的注意力:

- ▶ 我们通常盯着手机打发时间。
- ▶ 思考使我们容易担忧、怀疑和不安。
- ▶ 忙着与他人发信息交流,梳理生活的细节安排。

不过，我们还是需要梦想。梦想实际上是你对更好生活的一个愿景，是你为了更舒适的未来所设定的目标。白日梦也是一个强大的工具，可以让我们更有创造力，更有洞察力，创新性地解决我们可能没有考虑到的麻烦。研究表明，当我们走神时，大脑的不同部位会被激活，就可能获取处于休眠状态或之前无法触及的信息。鲍勃·萨姆普斯在描述这一神经运动过程时写道："阿尔伯特·爱因斯坦把直觉或隐喻思维视作神圣的礼物。他还说过，理性的头脑是人类忠实的仆人。不过，在现代生活的背景下，我们却开始过于崇拜理性，而亵渎直觉，这未免有些自相矛盾。"

这个世界上有很多东西值得你拼尽全力去追求。当你思考未来时，应该保持精神不被束缚，这样才可以更好地重新设定理想中的生活。当你这样做的时候，我们的重要作用就是引导你进入更好的思考环境，探寻如何为自己创造更好的生活。接下来是我们想要分享的 5 个问题，来帮助你勾勒梦想的模样：

- ▶ 你的"万花筒"是什么样子？
- ▶ 什么目标值得你追求？
- ▶ 你能找到奔向梦想的起点吗？
- ▶ 你有实现梦想的资本吗？
- ▶ 这个挑战看起来有趣吗？

问题一：你的"万花筒"是什么样子？

在前面的章节，我们介绍了万花筒的概念，来让生活中的风险变得更加形象。当你把万花筒中的小格子想象成日常生活的组成部分时，你不仅会意识到你最重视哪些方面，还会意识到自己是如何在这些关键方面或领域实现平衡的。理想状态下，你的每个小格子都拥有相同数量、颜色鲜艳的碎片，这表明你在对美好生活至关重要的每个方面都均衡地付出了时间和精力。

当你关注生活中最为重要的4个小格子时，也请留意一下之前可能没有得到你足够重视的另外一两个小格子。想想看，你对生活中的这些领域有什么目标、希望或抱负？了解日常生活中欠缺的部分，是追求梦想的开始。

我们经常要求客户描述他们理想中的一天。我们让他们用4～5段文字描述那一天的详细情形，比如在哪里度过，和谁度过，一起做些什么。虽然我们鼓励他们写出任何想做的事情，但大多数领导者都不会写在地中海的豪华游艇上度过放肆、疯狂的一天。相反，他们写的一天通常包括在工作中受到肯定，与家人和朋友共度美好时光，投入大自然的怀抱，以及充分的休息——这些事情实际上是他们的日常生活。对更好生活的梦想是知道什么让你满意，并采取措施将这种生活融入你的每一天、每一周、每一个月。虽然生活中不可能做到每一天都完美，但使用万花筒策略可以引导你的行为，那样一来，当生活失去平衡时，你能够更快、更有意识地让它恢复到最佳状态。

问题二：什么目标值得你追求？

为了更好地实现梦想，重要的是要清楚地了解你真正看重的是什么。你的能力越强（相信我们，当你善于承担风险时，就会意识到自己有什么天赋和优势），就越需要对想要完成的目标有所选择。你想做很多事情，尤其是当你的目标与头脑和内心的渴望都息息相通的时候，你会更加信心满满。然而，没有人可以做到面面俱到。但是，如果仅仅是在某方面表现出色或取得成就，这也并不一定意味着这就是你应该做的。

想想你过去的梦想或愿望，或者曾经渴望过的成功。或许有那么一两次，即使你达成了目标，获得了成功，但是你获得的成就感却似乎并不那么令人满足或兴奋。那么，这就很可能并不是因为你的目标设定有问题，而是你追求目标的方式出了问题。我们的事业中也曾经历过一两次这样的情况。我们确定了一个目标，并且努力去实现它，但当达到目标时，感觉却没有那么好。

最初，当我们创建星际领导咨询公司时，目标是年收入达到100万美元。当时能达到这一收入标准的企业在美国不到10%。我们相信只要突破这个壁垒，我们就能大获成功。我们还能清楚地回忆起目标实现的那一天，不过，那并不是我们所期待的胜利时刻，因为那时我们的业务充满风险和挑战，我们焦头烂额，对任何事情都没有兴致。换句话说，我们确实"成功了"，但感觉又像没有成功。这种成功似乎没有延续性。虽然我们实现了目标，但是我们意识到需要更加用心地去维持它。我们开始反思，挑选合作最好的客户类型，或者是可以产生重大积极影响的项目类型，而不再是盲目接受所有业务。

在这个筛选业务的过程里，我们带入了自己的价值观、偏好和过去的经验，了解哪些业务最能高效运用时间和发挥优势，这让我们的思路变得清晰。这种清晰让我们心无旁骛，让我们在未来的几年里不仅感到愉快、满足，还让我们给客户提供了更好的服务。

当你认真思考什么目标和哪种方式值得你追求的时候，别忘了发挥价值观和洞察力的作用，让这些更适合自己的禀赋来指导你的选择。如果你看重职业生涯，那么晋升对你来说就很重要，但是你要明白，实现事业成功的道路不止一条。或者健康对你来说很重要，你也要知道有成千上万种方法可以保持健康。对实现目标的路线要保持开放的态度，充满想象力，这样的话，面对目标，你会有更多的实践办法。

当我们进行投资时，通常关注的是投资回报率（ROI）和预期收益。我们希望你带着这个期待去实现你认为值得追求的梦想和目标。时间是我们拥有的最有限的资源之一，而且不可逆转。

通过反思努力的回报率（ROE），你可以对某个愿望、梦想或目标是否真的值得你付出宝贵的时间和精力去追求做出判断。如果它包含了你最珍视的价值，那么它就值得你去追求。然而，如果它带给你的只是人生万花筒中的一个小格子，那么是否要去追求这个目标就值得商榷。不然的话，你只是在人生道路上盲目地取得一个又一个的成就，但这并不代表你能获得人生的幸福。

问题三：你能找到奔向梦想的起点吗？

更合理的梦想不仅意味着确定你的目标是否值得追求，也有助于了解你是否能找到合适的起点，来启动你奔向成功的旅程。

考特尼小时候对美国国家航空航天局（NASA）很感兴趣，她经常想象成为宇航员会是什么样子。当她决定参军时，得知军队飞行员有机会入选宇航员，关于太空旅行的梦想就在她的脑海中再次浮现。后来她了解到，美国海军陆战队飞行员对裸眼视力的要求很高，而她的视力从12岁起就比较弱。她意识到这个梦想不具备实现的可能。这确实令人失望，但至少让她明白了自己还有更多的职业道路可以走。

我们长大后的梦想往往与童年时的梦想不同。由于这时的我们已经经历过时代大环境的筛选，再加上有着丰富的生活经验，我们更清楚自己的梦想是什么，于是我们放弃了一些根本无法实现的梦想。比如，安吉小时候梦想有一天能成为麦当娜那样的人。

后来她就知道，不仅成为别人是不现实的，而且以她的唱跳能力，成为一名歌星的可能性也相当渺茫。如今，她更现实的梦想是去美国各地不同的场馆观看麦当娜的演唱会，虽然这也需要好好计划，但绝对是她能力所及的。

当然，我们希望每个人都拥有远大的目标，但我们也希望大家可以找到可行的方法来实现它。找到梦想的起点可以帮助你确定坚持的道路是否有希望。

例如，如果你的专业是金融学，同时又做过会计方面的工作，若你感兴趣的话，就有可能过渡到供应链行业。你可能需要进行额外的学习，或者需要跟老板重新申请新的职位。又或者，如果你想在一年的时间里减少工作，以适应新手父母的角色，而公司又不提供弹性工作安排，那么你也可以考虑跳槽。你可能需要花点功夫才能找到令你满意的新公司，也可能无法获得和原来相同等级的职位。但是，把握机会，这条路还是行得通的。

寻找梦想起点的时机也很重要。也许你即将得到一个晋升机会，但需要经常出差，而你最近需要照顾年迈的父母。当对于你来说很重要的事项和选择发生矛盾，限制了你从起点出发时，这并不是失败，而只是一个信号，表明现在确实是难以让你放手一搏的时候。意识到这一点，可以激励你在下一个合适的时机为你的起点重新谋划。

问题四：你有实现梦想的资本吗？

我们都梦想着拿着买啤酒的预算却能过上喝香槟的日子。因此，了解实现你的梦想所需要的时间、金钱和其他成本十分重要。但是，不要让缺乏资源成为阻碍你为梦想奋斗的理由。相反，你可以把可能的梦想实现路径看作梦想本身的一部分。当你发现只要实践自己计划中的所有的事情，就可以得到你梦寐以求的东西时，渐渐地，你就知道自己正在做对自己有意义和有价值的事情。

对于我们而言，我们当初加入美国海军陆战队的主要原因之一是为了获得教育资源。我们觉得当初的想法很有趣，学生贷款的利息把我们吓得半死，但把自己的生命置于参军的危险之中，同时还能获得教育福利，这听起来似乎并不太吓人（这正好解释了我们是多么重视承担风险和迎接挑战）。

更实际的梦想意味着规划一条路径来获得你追求成功所需要的东西。长期拥有明确的目标会对你很有帮助。在开始追求目标之后，通过想象自己将如何迈出第一步、第二步和接下来的所有步骤，你就能想出起步、发展、借力、赚钱，以及获取实现梦想所需资源的办法。当你的梦想与价值观保持一致时，就会找到方法去实现它们。

问题五：这个挑战看起来有趣吗？

我们把重要的问题留到最后来讨论。合理的梦想在很大程度上是为了给你的生活带来更多的快乐和满足感。为了让你的放手一搏有意义，设计一个你真正渴望实现的目标是很重要的。这样，当你"拥抱糟心事（Embrace the Suck）"的时候——这是我们最喜欢的美国海军陆战队格言之一——你会意识到其实你遇到的困难是你本身就愿意承受的。此外，战胜困难可能是我们在生活中最令人满意的事情之一。

所以，当你考虑想要实现的梦想时，不仅要准确地想象获得成功时带来的荣耀，还要想象追求成功道路上的陷阱、低谷和痛点。如果你充分考虑目标，能够确定并接受你可能会遇到的挑战，也就是说你不仅准备好了度过艰难时期，也准备好了在追求有意义的成功的过程中找到乐趣。当你心甘情愿地努力并准备好迎接失败时，就会发现应对挑战时面对的困难并不像想象中那样严峻，无论是赢是输，是成功还是失败，你都可以坦然面对。只要敢于接受失败，哪怕你没能完成目标，也至少会得到不错的收获。

实现并重新认识你的"山顶之梦":考特尼的故事

我喜欢滑雪。毫不夸张地说,这是我最喜欢的运动。我在美国东海岸长大,学会了在短雪道和结冰条件下滑雪。大学时,由于热衷于滑雪,我还特地去了科罗拉多州和犹他州。那里的雪道长,人流更少,还有粉雪,这让我更加爱上了层峦叠嶂的高山。大学毕业后,加入美国海军陆战队之前,我在美国西部度过了一个冬天,完成了一个雪季内连续滑雪100天的梦想。也是在那次冒险中,我遇到了我的丈夫帕特里克。正是我对滑雪的热爱帮我找到了一生的挚爱。

然后,现实生活开始了。作为一名美国海军陆战队员,我走遍世界各地,却远离了能滑雪的山坡。从军队退役后,职业生涯使我更多地待在办公室里而不是户外。帕特里克和我度蜜月时去加拿大的落基山脉滑雪。从此,在我们组建家庭的最初几年,我们都是去滑雪度假。我们每年都会为滑雪之旅攒钱,为孩子学习滑雪而投资,这样我们的孩子也会爱上这项运动。这样做颇有成效,因为很快我们的孩子就滑得比我们还好了。

当我们有机会在瑞士阿尔卑斯山滑雪时,我们对这项运动的热爱达到了顶峰。当时我正在英国与一个客户合作一个长期的领导力提升项目,这使我们有机会去瑞士旅行。那么

065

多阳光明媚的日子，那么多与家人团聚的时间，以及随处都能呼吸到的新鲜空气，这一切都激励着我们去追求梦想的生活。我们非常喜欢滑雪，帕特里克和我忍不住想，为什么我们不搬到一个可以经常滑雪的地方生活呢？在此之前，我的工作是阻碍实现这一想法的重要原因。而如今，这个项目很快就要结束了，我们就面临着一个新选择——回到弗吉尼亚州的里士满，或者冒险搬到一个滑雪小镇居住。

在瑞士的一个晚上，帕特里克和我讨论了我们到底对住在山上有多大兴趣。我们还强迫自己坦白，为什么还不能下定决心搬到山里的小城上居住。当我们分享一个又一个的理由时，笑着搬出一堆原因来解释为什么我们绝对不能听从自己的心，甚至一分钟也不能。很明显，许多阻碍我们实现梦想的原因其实只是借口或是恐惧心理在作祟。尽管之前我们很担心把孩子们带到国外，但事实证明现在他们在欧洲生活得很好。也许他们也会在山城里继续茁壮成长。于是，我们便决定第二天早上和他们一起商量搬到滑雪小镇的想法。

第二天，当我们围坐在早餐桌旁时，我们和3个孩子分享了打算开始新冒险的想法。那时，我们的女儿上中学，儿子还在上小学。我们还没来得及强调细节，孩子们就大声表达了他们的热情。由此看来,搬家对我和帕特里克来说是人生里巨大的风险,但这对孩子们来说却不算什么。他们完全准备好了。显然,需要鼓起勇气的(并做一些详细计划)则是成年人。

我们在欧洲居住的剩下的时间里,一直在计划着搬到加利福尼亚州的太浩湖地区。到了出发的时候,我们都勇敢地拥抱了这次冒险。虽然我以前也冒过很多险,但这一次的感觉就像是万花筒里的每一个小格子都充满了风险。

这个决定带来了许多奇妙的经历。事实证明,生活在特拉基,内华达山脉一个古色古香的滑雪小镇是多么神奇的一件事。不管是越野滑雪、山地自行车还是徒步旅行,我们都在宁静又有趣的山区活动中增强了信心。孩子们学会了在高难度的地形上滑雪,同时感受到遵从内心的好处,还可以学会如何更好地接受生活中的风险。

然而,当新型冠状病毒感染来袭时,我们和身边的许多人一样,不得不再次评估生活中的优先事项。最终我们决定搬回东部,离家人更近一些,因为我们已经好几年没有好好陪伴他们了。而且,我们的女儿们马上就要读高中,生活在一个社交活动更丰富的社区对她们也有好处。这无疑又是一个非常重大的改变,然而,在回顾过去的时候,我们心中没有任何遗憾。

> 帕特里克和我都知道，在未来的某一个雪季，我们会再次回到山上。这就是心怀梦想的意义——认清生活中真实存在的限制，同时意识到时间就是一切，另一扇冒险的机会之窗将在未来再次为我们开启。当另一个机会来临的时候，我们会很快对这种体验敞开心扉。

用目标倒推行动，让成功水到渠成

正如合理的梦想是实现美好生活的关键步骤一样，它必须由你付诸行动来兑现。就是你，而且只有你，应该对自己的梦想负责。你必须掌控自己的梦想。

当你拥有一样东西时，你对它的在意程度与租用它时一定不同。想象一下，如果你是在酒店住了一晚，第二天离开房间时，你可能把湿毛巾随手扔在浴室地板上，床也没有铺，房间里到处都是乱七八糟的纸屑。但如果这是你的家，你绝对不会容忍这样脏乱的环境，而是用不同的方式进行处理。

我们必须以这种方式对待我们的梦想及与之相称的目标。它们属于我们，我们需要它们。没有人会像我们一样关心自己的梦想——其他人为什么要关心呢？其他人有自己的生活和各自的目标。但这是你的生活，这些是你的梦想和目标，对你来说，它们才是最重要的。

这些目标是你的优先事项。在生活中，那些对我们很重要的事情——我们的优先事项——通常不会按照预约准时到来。它们不是那种可以一键添加到邮箱或电子日历上的待办事项。我们应该始终把既定目标放在首位，坚持不懈地为之努力。这就是从量变到质变的过程，只有通过对小事的执着追求，才能最终做成大事。

所以，一旦你瞄准了一个重要目标，你就必须为它承担起全部的责任。你要尊重梦想并为之负责，而为梦想负责意味着在整个过程中，你都要依靠自己来实现目标。你应当努力承担责任，而不是因为出现了障碍、失误或意外而怨天尤人或轻言放弃。然而，在面临挑战时，我们往往本能地从外部环境寻找失败的原因：

▶ 如果我们提交的简历没有得到回复，很容易把问题归咎于公司的在线门户网站或人力资源团队。

▶ 如果我们的研究生申请没有被录取，很容易把失败归咎于招生部门。

▶ 如果我们想要出售家里的房子但没有人咨询，很容易就会责怪房地产中介办事不力。

▶ 如果我们经常和兄弟姐妹发生冲突，很容易就会责怪对方没有扮演好自己的角色。

如果你在放手一搏的过程中遇到了挑战，我们要提醒你，如果你能停止把问题都归咎于外部因素，而是开始从内部寻找你该如何承担职责并尝试其他方法时，你遇到的问题就会得到解决，并且更快地走向成功。

> **为了快乐而冒险：安吉的故事**
>
> 在美国海军陆战队服役的经历对我的生活方式产生了深刻而持久的影响。服役期间，我不仅收获了许多美好的记忆，而且学到了许多很棒的格言。它们成为我日后的行动指南。下面这句话是我最喜欢，也最经常引用的一句话：
>
> 你要为你所做的一切和未做的一切负责。
>
> 这是无法回避的，在我手下所发生的一切都是我的责任。如果我对某件事不满意，我别无选择，只能接受它并尝试改变。我把这种心态多次应用到我的工作、健康管理和家庭生活中。但如果你听了下面这个故事，你可能就会认为，我并没有为快乐承担过太多的风险。
>
> 在此之前，我并不在意玩乐。直到有一天我开车送我儿子和他的朋友时，听到他们谈论自己的妈妈，我才突然意识

到,玩乐在我生命里是一片空白区。两个男孩在讨论父母的消遣方式,这引起了我的注意,因为对于两个10岁的孩子来说,这似乎是一个有趣的话题。我承认,我很好奇儿子会怎么说我,于是把耳朵凑过去,只听到他告诉朋友说,"我妈妈除了工作什么都不做。"

刚开始,他对我的描述让我有点震惊。我很想插嘴辩解:"我不光是工作!我每天晚上睡觉前都要跑步、读书,清晨还要给你做早餐,休息时带你去海滩,或者其他任何你想去的地方。"然而,当我在心里阐述自己的观点时,突然意识到这些活动有的并不是为了收获快乐,有的并不是为了我自己。我通过跑步来保持身心健康,通过阅读来放松心情,能为孩子们做他们喜欢的食物,或是带他们去他们想去的地方让我感到幸福,但这与我自己需要的快乐无关。

这是很长一段时间以来,我第一次意识到,我的生活中几乎没有快乐。坦白地说,这让我很难过,因为我没有用心去享受那些本该轻松的时刻,没有抓住机会纵情欢笑或是完全沉浸在属于自我的乐趣之中。

那天晚上,我把孩子们哄上床后,就开始思考生命万花筒中这个空荡荡的小格子。我开始提笔写下人生中最快乐的时刻,很快就发现这些快乐都围绕着一些共同的主题——

听音乐会、欣赏戏剧、与女性朋友共进晚餐，还有骑自行车（骑车的目的不是为了锻炼身体，而是为了探索未知旅程）。很明显，在我的生活中，为快乐而承担的风险并不昂贵，也不耗时，而只是需要尽情投入，而我是唯一能让自己快乐的人。

我不是那种拖泥带水的人，当我一旦确立了目标，我就开始采取行动，立刻就办。我想，朋友们在夜里收到我的短信时一定都很惊讶，上面写着："我们周六出去玩吧！"当我的大儿子第二天早上醒来，得知我们要去听绿日乐队演唱会时，他也表现得十分震惊。真是要感谢绿日乐队，他们的作品老少咸宜，把我们全家人都聚在一起。

我最亲密的朋友之一，香农说过一句很棒的话："我祈祷的时候依赖上帝，行动的时候只依赖我自己。"我喜欢这种心态。现在，你可能无须祈祷，但我们相信，也许你胸怀大志，正尝试向世界宣布你的梦想和目标，或者拥有真诚的意愿，不停围绕着梦想高谈阔论。无论你想实现什么梦想，只要现在已经在路上了，就坚持下去。然而，要想让梦想成真，请记住，梦想是你的，行动也是你的，而且只有你能为此负责。努力就好。

真正的强者，都是行动派

一旦你提高了梦想的门槛，明白了调整行动偏好和承担责任是让你利用风险获得成功的关键因素。那么，现在是时候看清积极行动的重要性了，然后你就应该以有意义的方式去行动。

不要一味地等待——这不是在菜市场排队买菜。这是你的生活，轮到你行动了，开始吧。

一些最著名和最杰出的领导者都曾经是他们所在行业里的先驱者，他们没有等待别人要求，就主动开始创新。他们激发了社会对他们才能的需求，他们看到了机会，并抓住了它。

想想 J. K. 罗琳吧，如果她在写《哈利·波特与魔法石》(Harry Potter and the Sorcerer's Stone) 的时候陷入了自我怀疑，放弃了创作计划，结局会是如何？或者，如果史蒂夫·乔布斯在推出家庭电脑丽萨失败后，放弃了开发者的身份，发誓再也不设计其他产品，世界又变成什么样？如果 SPANX 的创始人萨拉·布雷克里在做了几件内衣模型设计后，举起双手，无助地叫道："没有女人会买这些东西！"并停止追求她的梦想，又会发生什么呢？

尽管这很困难，但是千万不要把这些先驱者想象成一开始就是这般成功的模样。现在，想象一下他们曾经的样子，想象在他们取得成功之前，经历过的艰难岁月。不难想象，这些人都曾经历过失败，但是又挣扎着再给自己一个机会，不是吗？或者，一旦他们踏上了追求梦想的道路，他们会质疑自己的方向是否正确，或者选择的时机是否理想吗？如果他们停下脚步，又会发生什么？

我们很难将这些领导者取得的成功与他们的个人特质割裂开来。同时，我们也几乎没有机会与这些人建立关系。然而，在不久前的某个时刻，他们也和我们一样，是一个拥有梦想的普通人。只不过他们找到了勇气、信念、信心和韧性，尽管遇到障碍，仍然选择继续前进。他们承担着巨大的风险，但是很多风险都以始料未及的方式带来了回报。

既然如此，你为什么不可以呢？

成功需要梦想、坚持、主动和行动。一旦你开始行动，你就应该把自己放在一个更主动的位置。想想你生活中的责任——对家庭，对团队，对朋友，这些责任要求你首先必须学会如何一步一步地采取措施，去付出努力，去贡献力量，最后实现目标。一旦你逐渐擅长承担风险、勇于抓住机会、能够把握重要时刻，你就能更好地帮助、服务和支持他人。

走出舒适区，探索风险带来的无限可能

有一个简单的方法，可以确保你不会迷失在梦想中，也不会错过拥抱未来的机会，那就是不断地在生活中"寻找热度"。所谓热度，我们的意思是经常把自己放在让自己害怕的位置，也就是让自己保持一点点紧张感。再说，你又不是伊卡洛斯，当你飞

得离太阳很近时,你的翅膀并不会燃烧起来。对于像我们这样的普通人来说,"热度"加速了我们成功的脚步,这是一件好事。

热度体验是指满足以下任意或所有条件的活动,符合的条件越多,该活动带来的热度体验越高:

- 这是首次尝试。
- 结果很重要。
- 成败未定。
- 重要的人在旁观(有时是朋友或合作伙伴)。
- 体验让你不太舒服。

当我们发现了对我们很重要的热度体验,就要鼓足勇气抓住这些机会,毕竟成长就是回报。我们越是追求热度,就越是擅于在风险中取胜(我们对不舒服的感觉也就越适应)。当我们开始不断大胆地拥抱风险时,丰厚的回报也会随之而来。

坚持更实际的梦想,坚持肩负职责,然后付出实在的努力,抓住机会,放手一搏。

第四章

学会寻求帮助，驶向成长快车道

> 我们出现在这里是有原因的。我相信其中一部分原因就是为了把火把扔出去，引导人们穿过黑暗。
>
> ——乌比·戈德堡

速览导读

这一章是帮助你认识到成功的旅程不是单打独斗，而是要学会如何在正确的时机找到正确的导师。

思想启迪

除了你的才华，导师的水平是确保你的冒险之路尽可能高效和成功的关键。因为，好的指导能加速你的成功。

慎重选择影响你的人是很重要的。请寻找那些曾经成功带你战胜过风险的可靠之人作为你的导师。

要知道，有些导师只是你生命中某一阶段的过客。有意识地拓展人际关系，可以帮助你建立自信，知道如何放手一搏。

如果有一天，有人突然出现在你家门口，对你说："嘿，我知道你想要什么，我来这里是为了告诉你怎么去实现目标！"这不是很神奇吗？

这种情节在书籍和电影中经常发生。斯坦小姐是电影《帮助》（*The Help*）中的一位严肃的图书编辑，她充当了尤金妮娅·斯基特·费兰的人生导师，她让尤金妮娅·斯基特·费兰"写下那些让你不安的东西，尤其是那些其他人并没有感到困扰的东西"。斯基特这样做了，这使她得到了一份渴望已久但又觉得难以适应的职业。已故的拾荒者切斯特·科波波特在《七宝奇谋》（*The Goonies*）中同样扮演了导师的角色，他用自己的学识和历史地图带领船员们找到了隐藏的宝藏，拯救了父母的家园。

当然，我们也明白，生活不是精心打造的虚构故事，不会总有合适的人在合适的时机出现，带给我们可以即刻奏效的正确建议。但是有一些人、一些资源和信息网站可以随时为你提供指导，让你更自信、更熟练、更轻松地踏上冒险之旅。

谷歌的前首席执行官埃里克·施密特在雪莉·桑德伯格的

人生中也扮演了这样的角色。众所周知,桑德伯格在最初得到谷歌的工作邀请时,她的第一反应是"拒绝"。当时,她正在考虑两份邀请,一份来自谷歌公司,虽然前景未卜;但她对这份工作很感兴趣;另一份是其他公司的职位。埃里克给她的建议是:"当你得到一张登上火箭的票时,不要问是'什么舱位',只要上去就行了。"她听从了他的指引。

请注意,我们说的"导师"(是一个整体性概念),而不仅仅是某个具体的指导或某一位导师。我们无法保证,你的生命中是否会有一个像甘道夫一样的巫师出现,让你走上激发自己最大潜能的道路。你的导师更可能是一群人,你可以有意识地把他们的力量聚集起来,为你提供支持和指导:

- 你需要一位互联网上的指引者,他能帮助你用更简单的方式追求梦想。
- 你需要在社区找一位商业领袖,他正做着你想做的事情(并且有能力帮助你)。
- 你需要一位心灵导师,他和你思维相通,能够激励你摆脱自我怀疑。
- 你需要一个帮手,为你指出更快实现目标的技巧和道路。
- 你需要一位领路人,为你指出途中可能出现的陷阱,让你少绕弯路。

▶ 你需要一位诤友，能够从友爱和尊重的角度与你坦诚相对。
▶ 你需要一位善于挖掘你潜力的老板，他是你真正的支持者。

这些导师和资源不会像盛在银盘子里的食物一样，供你随意取用。你的任务是找到他们（或者是在你的生活中发现他们），并有意识地向他们请求帮助。除了你的才华，导师的水平是确保你的冒险之路尽可能高效和成功的关键。我们不能忽视导师的重要性，我们需要他们，因为生活中很少有事情是我们可以不借助任何外力去完成的。

在急流中学习：考特尼的故事

我相信，我们并不是唯一想通过设计全家参与的"有趣"活动来减少孩子们使用电子产品时间的父母。这里对"有趣"加上引号是有意的。我有3个孩子，所以我个人认为有趣的事情，可能并不受其他人欢迎。或者至少，不会让3个孩子都喜欢。不过最近有一次，我确信自己选到了一个大家都满意的项目。我们打算进行一次自由漂流之旅。

帕特里克和我有一些漂流经验，所以我们知道需要什么技巧。这次旅程我们选了当地一条只有较小的二级急流的河道，这让我确信我们有能力带领全家人完成旅程。

漂流的日子到了，每个人都整装待发，开心地上了筏子。几分钟后，帕特里克和我就意识到，我们自己会划和教孩子们如何划完全是两回事，这并不像我们想象的那么简单。我们在平缓的河水中玩得很开心。然而，当遭遇急流时，我们缺乏技能的问题就暴露无遗。还没等我们反应过来，小女儿杰西卡就被甩出了木筏，掉进了湍急的水流中。她的姐姐卡拉是一名游泳健将，她跳入水中救起妹妹。两个女孩都很快意识到水流比看起来要迅猛得多，于是帕特里克也跳入水中营救她们。幸运的是，在旁边驶过的另一艘小船中，有一位高手迅速给了他们重要而有效的指导，他们三人才顺利回到我和儿子在石缝中穿行的筏子上。

虽然帕特里克和我并不觉得在这次落水事件中，孩子们真的会面临生死攸关的危险，但我们也意识到，没有充分的经验和专业知识就去冒险，实在是愚蠢的行为。不过，这件事显然动摇了我们女儿的信心。那天在开车回家的路上，我问她们是否下次想再去漂流，可以过几周再来玩一次。可她们回答说，虽然很开心，但短期内还是不想再去了。

认识我的人都知道我是个领导力的忠实拥趸，我从自己做的每一件事中都能学到与领导力有关的经验。当然，在急流中漂流也有许多可以借鉴的领导力隐喻和人生经验。虽然这次漂流经历动摇了女儿们的信心,但如果没有新的积极经历,她们可能再也不想尝试漂流了。所以,我知道我需要做些什么来让她们重拾信心,那就是,我必须再安排一次漂流旅程。

不过,在接下来的计划中,我运用了一些从这次经历中学到的经验教训。我知道帕特里克和我现在还没有足够的能力保证家人的安全,于是就找了一家有专业教练指导的漂流公司。我们需要请一位专业的教练。

第二次漂流从一开始就与上一次不同。我们做了比上次更全面的安全评估。公司派来的教练花时间回答了我们的问题,以减轻我们的担忧,并假设了各种情况,以便我们知道一旦遇到麻烦该如何应对。教练风趣又热情,他的悉心指导让孩子们也感到安心,他的专业精神为我们的旅程奠定了良好的基础。

在这次漂流过程中,我们选择的这片水域比之前的更具挑战性,会有多个五级急流。但由于我们有了一些经验,而且穿过岩石时十分小心,大家并没有太多的压力或者恐慌感。我听到了孩子们的笑声,看到了全家人的笑脸,每个人都对自己的能力越来越有信心。

第二次旅程比第一次时间更长,更具挑战性,技术含量也更高。然而,在教练的带领下,我们比上次更快速、更熟练，也更轻松地完成了这次航行。更美妙的是，在整个过程中孩子们都安全地待在筏子上（我被甩出去一两次，但这只是增加了冒险的乐趣）。漂流完成后，孩子们都意犹未尽，吵着下次还要再来。

作为一名家长，我当然为心愿的达成而感到些许宽慰，我很高兴全家人都度过了一段美好的时光。更重要的是，这是一次宝贵的经验，在帮助我们迅速收获成功的道路上，没有什么能取代一个知识渊博、真诚可信的导师。

多汲取一份经验，就少走一段弯路

当我们学习如何成为美国海军陆战队的军官时，曾花了很多时间熟悉地图和指南针的用法来提高导航技能，这是在战斗中指挥队伍所需的基本功。因为有一天我们可能会遇到这样的情况：一架直升机把我们空投到完全陌生的地方，我们必须使用简单的导航工具把队伍从 A 点带到 B 点。当然，我们可以依靠 GPS 导航，但在某些环境下我们可能无法使用这种技术。在这些情况下，我们就必须准备好使用传统的方式来穿越任何地形（比如森林、城市或沙漠）。

教官还告诉我们，如果被空投到一个陌生的地方，并且没有导航工具的话，就会发生一个有趣的现象。人的本性会占据上风，你会在原地打转，无所作为，这不仅浪费时间和精力，还可能危及团队的生命。没有地图和指南针，就像是在繁华的购物中心停车场里走来走去，因为你根本不记得自己的车停在哪里，于是你就迷失了方向，无法迅速到达目的地。

如此说来，导师的重要性不言而喻，他们就像是我们人生中的地图和指南针。他们就像教练，给我们指出方向，从而让我们做到最好。当我们试图提高能力，接纳生活中的风险时，如果没有导师，就会发现自己要么焦头烂额、四处碰壁，要么漫无目的地徘徊在一条注定没有出口的道路上。记住，行动并不总是等于进步。找到值得信赖的导师可以确保我们的努力取得成果。

重要的是，你要认识到，某个你认识的人，或者至少是某个接触过的人，可能拥有启发和激励你获取更多成就的本事。当你建立起理想的导师团队时，放手一搏也会变得更有趣，更高效，甚至更有保障。他们甚至可以确保你不会浪费最宝贵的资源，也就是你的时间。

作为领导力培训师，我们知道，客户与我们合作时，是希望利用我们的经验，尽可能减少错误和预测风险，同时尽可能以最快的速度达成目标。他们知道我们是经验丰富的导师，因为我们已经走过这条路，所以能够在他们的道路上提供指导。他们需要我们在帮助他们应对挑战的同时支持他们。我们一起制订新的战略，使他们能够更快速、高效地运用他们所有的优势和机会来获取成功。我们相信，作为导师，我们的首要任务是加速客户的成功，帮助他们从我们的经验中吸取教训。

现在，市面上有许多资源可以帮助你实现个人目标和职业目标。事实上，YouTube（视频网站）、Pinterest（图片网站）、LinkedIn（招聘网站）等都是非常棒的热门网站，可以提供资源、渠道和信息。然而，需要注意的是，这些信息通常只能提供许多表象信息，并不能完全适配你和你所处的独特环境。

改变你生活的五个简单步骤：

步骤一：决定改变。

步骤二：做出改变。

步骤三：欣赏改变。

步骤四：继续改变。

步骤五：收获成功。

相信我们，如果个人的改变如此唾手可得，那每个人都能做到！

虽然在互联网上，很多东西会给你带来启发，但它不会给你反馈，倾听你的困难，并为你提供量身定制的指导。只有人能做到这一点，所以培养人际关系对你更为有利。这样，当你需要支持的时候，它总会在你身边。

"三人行",更要学会辨认"我师"

当你考虑邀请一位导师帮助你面对人生挑战时,我们希望你慎重地选择那些即将对你产生影响的人。你正在面临的风险可能并不被大多数人熟悉。这里有一些标准可以帮助你明智地选择自己的导师。

与困难交过手的人更值得信赖

首先,他们应该在你寻求支持的领域值得信赖。比如,你刚加入当地非营利组织的董事会,最好找一个有参与董事会经验的人,帮助你了解如何做任前准备,以及在第一次董事会议上应该如何表现。或者,如果你想换一家新公司工作,除了查看新公司的在线评论(这是员工聚集和发泄不满的地方,会对你有所帮助),你也可以试着与在该公司工作过的人联系。如果没有直接认识的人,那就去招聘平台,评估一下该公司的页面,看看是不是你所喜爱的类型,想办法与在那里工作的人建立联系。关键是寻找那些拥有你所需要的相关经验的人,他们可以提供让你做出明智决定的信息。

你可以通过以下标准判断一个人的观点是否值得信赖:

▶ 他们在你感兴趣的领域拥有经验。
▶ 他们在这个领域取得了成功。

▶你尊重他们的判断和意见。

▶他们愿意与你分享自己的见解。

我们再怎么强调可信度的重要性也不为过——主要是因为在我们的圈子里，有很多人可能在我们试图拓展的领域并没有经验，但却非常愿意提出自己的想法。尤其是当我们处于一个过渡阶段，或者站在人生十字路口，甚至面临重大决定时，总是会听到特别多来自各方面的建议。回想一下你生活中的关键时刻——完成学业、组建家庭、改变职业、考虑搬家等，你能回忆起多少不请自来的建议？一定有很多，对吧。

当然，这些人可能是出于好意。当你姐姐告诉你她认为竞选学校董事会不是一个好主意时，我们相信她是发自内心为你着想的。或者你的朋友一直给你推送关于投资失败的新闻链接，也是在真心关心你。所以我们不是要完全忽略别人的意见，而是要合理听取他们的建议。虽然来自不可信来源的反对意见是值得注意的，但你的目标是不断建立对自己的判断的信心，以便能有所取舍地接受这类建议。毕竟这只是你接收到的一种"信息"，而不是指令。

"师不顺路"，你要为遇见导师创造机会

导师的出现也需要合适的时机和理由。当你努力更好地利用

风险以获得更大的成功时,当你反思自己的梦想、构建生活万花筒时,请花点时间来思考你需要什么样的帮助。有时答案显而易见的——例如,你想创业时,就需要与律师谈谈如何建立税收实体,这会让你真正受益。有时情况则恰恰相反,也许你遇到了瓶颈,不知道该向谁求助,因为你也不确定自己需要什么样的支持。在这种情况下,你可能需要一位或多位导师的指导,他们会提出非常好的建议来帮助你摆脱困境。

我们想强调的是,对你来说,在正确的时机,最好的导师应该具备启发你发现问题的才能。在生活中,当你不确定自己需要什么的时候,别人也无法帮你解决问题。一个好的导师不会告诉你应该做什么,而是敦促你思考你想要做什么,并启发你的想法,帮助你自己找到问题的答案。

理想的导师可以:

- ▶启发而不是决定我们的道路。
- ▶强化而不是支配我们的观点。
- ▶赋予我们力量,而不是赋予我们能力。
- ▶激发而不是削弱我们的信心。
- ▶活跃我们的思维,帮助我们提升。

有了这些标准，你就可以从导师那里获得相应的帮助，你们的关系也会随着时间的推移而改变。这和你与父母的关系大同小异。在年少的时候，你依靠他们生存，然后获取各种资源，最终你们的关系将随着你的独立而发生变化。随着你的成长和发展，曾经你最信赖的导师可能会成为你的同伴或朋友。或者，他也可能会从你的生活中消失。我们能回忆起生命里的许多人，他们在恰当的时机为我们提供了重要的指导，虽然他们现如今已经不在我们的生活中，但我们仍然对他们的帮助和支持心怀感激。

那么，下一个问题显而易见——你要如何找到好的导师？

寻找助力，是获取成功的必备能力

按照现在的情形，你可能并没有刻意去发展一段关系来帮助自己建立自信，或是想要尝试放手一搏。没关系，什么时候开始都不晚。我们坚信，你的生活中需要"三巨头"来帮助你在冒险之旅中获得信息和灵感：

- 佼佼者——在特定领域内，比你更具洞察力、经验和知识，并且易于接近的人。
- 思想领袖——他们会与你分享新知识和新思想（但你也许不会与他们一对一交流）。

▶ 无法选择的人——这些人不是主动地进入了你的生活圈子（比如家人或同事），但常伴你的左右，他们的建议丰富多样，有益和无益的都有。

接下来，让我们探索一下如何在我们的生活中找到、接纳，并让这些人成为我们成功路上的助力。

寻找并向佼佼者提供帮助：安吉的故事

"你是谁？"有一天，我正在分享一次有趣的见面故事时，我的朋友约翰突然问道。

约翰和我在20岁出头的时候就认识了，所以他当然很清楚我是谁。然而，他想知道的是，我这个来自密歇根州卡尔卡斯卡小镇的女孩是如何获得机会，一周前在五角大楼与美国海军最高级别的军官会面，并为他们制订领导力发展计划的。约翰也曾在美国海军陆战队服役，他知道能收到这个级别的领导层邀请，绝不是运气使然。想进入五角大楼，必须经过内部人员的推荐和审核。对此，约翰大为震惊，他问这个问题完全是出于好奇，想知道我究竟是如何做到的。

我微笑着回答了约翰："我是一个交际高手。"当然，我是在开玩笑。我并不认为自己的社交能力有多强。但是，在你接触佼佼者的过程中,更有价值的答案是,我喜欢与人交流,对其他人的故事和成功的经验非常感兴趣。每当我认识新朋友,不管他们做什么工作或有什么头衔,我都有一个简单的、有益于我事业发展的方法:

- 多问问题,少回答问题。
- 倾听他们的故事,从中学习经验。
- 尽我所能提供支持。

最后一点是成功与这些佼佼者建立联系的关键。一段关系是两个人努力的结果。对于一段关系的维护来说,重要的是要意识到你或许确实无法马上给某人提供一些有价值的东西,但是总会有你能帮上忙的时候。永远要做好准备,在对方有需要的时候伸出援手。

我并不总是主动与人交往,因为我从小就非常害羞。母亲向来是给我最多鼓励和建议的人,她告诉我该如何与身边人相处。上高中的时候,我在附近小镇的一个家庭找到了一份家政工作,这个家庭非常富有——是那种代代相传的家族式财富。他们戴着劳力士,仅仅一块手表的价值就超过了我身边朋友父母的年薪。在和这家人相处了几天之后,我向妈妈坦承,我觉得和他们对话很不舒服,因为我们的生活简直有天壤之别。

母亲告诉我，如果我不知道说什么，就应该让他们谈谈自己的生活。"安吉，人们喜欢谈论自己。每个人就像是一张拼图——你喜欢拼图，可以用一些问题来帮助你找到答案。"这是一个很好的建议，所以从那以后，我一次又一次地使用这个方法。

通过一系列开放式问题，我们可以揭开他人的人生旅程之谜，揭示他们在人生关键时刻的思考过程。总的来说，我发现，通过这种形式，我能对别人的生活了解得更多，而不是反过来侃侃而谈，让别人花时间了解我，向我提问。毕竟，我已经了解我自己，而并不了解他们。

我更喜欢"佼佼者"这个词，而不是"导师"，因为，在面对受困者发出"请帮帮我！"的求助信号时，"导师"通常代表着单方面给予指导。而我喜欢把双方的角色交换过来。虽然我总是在寻求建议和指导，也就是向他人寻求"帮助"，但我想要把聚光灯放在这些佼佼者身上，通过了解他们的成功历程来获取我自己所需要的信息。此外，对于那些第一次见面的人来说，直接求助有时会感觉太过唐突且正式。另一方面，如果你让人们分享他们的经验，这就能建立一种随意的、非正式的关系。换一个更合适的词来形容，那就是一种和佼佼者做朋友的关系。

我就是这样来到五角大楼的。我曾在一个董事会任职，那里有一位了不起的领导者，名叫理查德·V. 斯宾塞，他后来成为美国海军部长。理查德不仅曾在美国海军陆战队服役，还取得了一系列商业上的成功。当我了解他的职业生涯时，我知道我可以从他的经验中学习一些东西。我问他是否介意我时不时地找他探讨一些商业问题。他的日程非常繁忙，为了节约时间，我提出的问题都很慎重。不出所料，他的建议对我来说特别有价值，于是我就想办法请他安排了一次谈话。

值得肯定的是，理查德没有让我失望。他所说的话超出了我的预期，让我十分受用，这就是佼佼者的价值。当我们结束谈话时，我对他提出的一切建议表达衷心的感谢。道别之际，我主动提出："我能为您做些什么吗？"

当他回答"是的"时，我十分惊喜。原来，他一直致力于帮助海军重组人才发展梯队，便询问我是否愿意与海军作战部长会面。海军作战部长是最高级别的海军军官、四星上将，希望与我讨论人才提升、发展趋势等相关问题。我表面上答应得云淡风轻，但实际上，我的内心为自己能在这个领域为美国海军提供支持而感到抑制不住的狂喜。

有效提问，获取他人的远见卓识

与有趣的人建立关系会让你的生活充满惊喜和愉悦。当你开始探索如何利用别人的经验为自己提供便利时，你要知道，想抓住这个机会，你只需要做一件简单的事情：提出问题。

当你寻找那些有指导能力和洞察力的佼佼者来帮助你顺利推进梦想时，一开始向这些人开口求助，需要巨大的勇气。我们可以给你提出一点建议，来帮助你减轻这种压力。设想一下，有人走近你并对你说："您的故事十分传奇。您介意我占用 15 ~ 20 分钟，向您请教几个问题吗？"这个时候，你不会感到荣幸吗？不会觉得受宠若惊吗？你难道不会一口答应吗？

这就是我们想要表达的意思。你对其他人真诚地表达好奇是尊重对方的成就和重视对方意见的表现。大多数人会很乐意与你分享他们的故事。如果对方不愿意呢？那可能是因为他们确实太忙，或者情商太低，这也意味着他们不会成为最好的潜在指导者。如果他们说"不"，也并不表示单单拒绝了你。这不是针对你个人的。所以，不要让任何否定的回答打击你向别人发问的积极性。继续提问并建立关系，这样你就能为放手一搏培养正确的洞察力并汲取灵感。

从靠谱的人那里，收集有价值的信息

正如我们需要从导师那里获取知识和经验一样，我们也需要持续的精神燃料和灵感源泉来催生新的思维方式，需要与我们分享生活技巧的人，为我们的拼搏之旅提供源源不绝的助力。

我们需要"思想领袖"，也就是那些拥有平台，可以向大众发表言论的人，他们可以让我们参与到社群中，这是成功的关键。如果你想尝试一些新东西，听说世界各地有志同道合的人也在涉足这片新领域，那么你会感到十分宽慰。毕竟，我们生活圈子里的人可能不会像我们一样目光长远，他们可能不知道该如何给我们支持。但总会有其他人能懂得我们的需求。思想领袖很有价值，因为他们能够引发共振。他们建立的社群会对我们有很多帮助，因为社群能够把思想领袖发出的呼吁变成现实。

能够创造社群的思想领袖可以是：

- 作家和研究人员。
- 网络红人。
- 主题演讲人。
- 播客主持人。
- 媒体人物。
- 信仰或精神领袖。

▶ 艺术家。

▶ 健身教练、生活达人和其他专业大师。

  这些人创造的社群，又被称为大师班，是我们生活中不可或缺的资源，这些资源能给我们带来灵感，并持续致力于为目标奋斗。然而，他们的登场时机取决于我们，我们通过不同的方式和媒介与他们互动，比如订阅他们的实时通讯，收听他们的播客或有声读物，参与他们的社群活动，参加他们的大师班，或与他们一起在Peloton（美国互动健身平台）上骑行。

  就像佼佼者或导师一样，我们的生活中不只有一个思想领袖。在不同领域，我们会遇到各种不同的领袖人物。当他们的想法始终影响我们的生活时，就能带领我们在更高的层面上看待自己的梦想。生活中充满了困难，而当我们寻求改变时，保持现状似乎更有吸引力，因为我们已经适应了现有的舒适圈。因此我们需要经常提醒自己，我们对自己拥有超越日常生活的抱负。这能够成为一种召唤，呼唤我们向着设想中更好的未来前进。

进入优质的圈子，才能获得持续成长

  找到适合自己的信息源的最好方法是，首先，发现你最感兴趣的是什么，什么类型的信息对你最有价值。在这个十字路口，你会找到探索的机会。一旦你通过书籍和多媒体进入通往信息世界的大门，你要做的就是让能对你产生积极影响的信息出现在你的生活中，这样你的信息灵感就能始终保持高涨。

我们的朋友卡拉是一家大型石油和天然气公司的主管。她通常每天都要花十几个小时工作，除此之外，她的家庭生活还非常充实忙碌，因此，她的空闲时间很少。然而，她仍然在日程中为她的个人灵感留出了空间。每天早上醒来时，她的第一件事不再是查看邮件箱，而是收听在线教练指导的呼吸冥想。在她通勤路上的30分钟，她会静静冥想或是听有声读物来充实这段时间。此外，她还采纳了一些生活达人给出的好建议。她会在午餐时间一边收听播客一边休息、散步，而这些习惯让她每天都能获得她有意选择的精神燃料。

她分享说，在开始这个灵感实践之前，她总是收听一档有线新闻节目来获取更多信息。然而，对她来说，这总会让她变得情绪焦虑，并且感到愤怒。有一天清晨，在与一位同事简短交流后，她自己也意识到了这一点。回到办公室，她发现急躁其实不是她的本性，而且她也绝对不想成为一个暴躁的人。后来，她发现，让她焦虑的根源是那些大量充斥在她身边的负面新闻。由此，她意识到自己必须为此做些改变。

之后，她不再收听之前她一直收听的媒体频道，这使得她的心境得到改变。随着她的雄心壮志得到激发，她有勇气在工作中承担更多责任，并设定了更高的晋升目标。此外，她还为团队树立了新的标杆（她领导着一个140人的团队）。为了让团队也能成长，她发起了一个关于学习和推荐书籍的交流活动。生活中不断出现的"思想领袖"激励着她去提升自我，她还想证明，把这些"思想领袖"介绍给她的同事会对她的工作环境产生积极的影响。

我们所有人都有机会从某个地方开始，邀请我们的"思想领袖"在生活中建立一个稳定、鼓舞人心的环境，不断提升自我，向着目标和设想的美好未来进发。

用开放心态与人沟通，用智慧头脑筛选建言

我们生活中的最后一类人是我们自己无法选择的人。这些人要么是与生俱来的家人，要么是我们生活圈子的一部分。他们中的许多人都很棒，他们的爱意和支持是我们感到幸福的关键。然而，坦率地说，其中也有一些人并不总是对我们起到正面作用。这并不是说他们是坏人，只不过他们不会在你面临发展和应对风险时带给你鼓励或帮助。这可能有各种各样的原因，也许是他们不知道如何支持你、对你的进步并不在意，或是他们为你感到焦虑，甚至是看到你追求目标时有点嫉妒，或者担心你的改变对他们造成一些影响（正如我们所分享的，当你变强时，你势必会对

周围的人产生影响）。

对于生活中那些关心你成长的人，你应该拉近与他们的关系，因为他们是站在你这边的。你可以通过他们的积极参与来确认这些人是你的支持者。在第六章中，我们将分享更多关于如何巩固与他们之间关系的方法，因为毫无疑问，我们确实需要他们。

在这一章中，我们想谈谈那些没有给你所需要或想要的支持和鼓励的人。我们的建议是不要抛弃他们。现实充满了挑战，你生活中那些"无法选择的人"可能包括你的配偶或伴侣（他们其实是你真正选择并希望在生活中拥有的人），或者你的兄弟、老板、成年了的子女或父母。换句话说，这是一段你不想退出的重要关系，你只是希望它变得更好。我们希望你认识到，在这些关系的管理方面，你依旧可以做出有利的选择。

首先，你要记住，自信是一种情绪。这种认识有助于解释为什么自信心的强弱会随着我们面临的每一个新挑战而起起落落。同样，自信心也容易受到公众舆论的影响，很多时候公众舆论是苛刻且充满质疑的。我们应该设定一个目标，严格挑选那些能够积极影响我们、让我们认同自身价值的人。否则，如果不加选择，我们的信心就会像过山车一样起伏不定。

在"无法选择"的人当中，我们建议你只听取那些真心在乎你利益的人的意见。这就需要对那些"无法选择"的人进行筛选，有些人的观点和想法对我们来说是有价值的,而另一些人的建议则无足轻重。同样,如果某人仅仅是和你很亲近,这并不意味着他总是把你切实的利益放在心上。

通常,身边人传递给你的消极情绪往往是他们自己的不安全感,与你的生活并没有什么关联。尤其是当有人以一种以自我为中心或负面攻击的方式向你倾诉消极情绪时,你更该留意这一点。你可以随时倾听,保持礼貌就好,但不要内化于心。相反,最好听完就忘掉。

如果有人不支持你,或者出言不逊,试图对你产生负面影响,你也完全没有必要把他的建议或担忧放在心上。谨慎对待负面信息,不要因为缺乏支持就削弱自己的信心。生活中总会遇到来自外界的消极影响和他人的怀疑,但这并不意味着你必须接受它,哪怕是你最亲近的人的想法。

我们需要认识到,放手一搏会带来改变。当你改变时,周围的人也会受到影响,他们中的有些人会对你的改变表示抵触。比如:

- ▶ 你正在考虑职位晋升,但现在的工作伙伴可能并不为此开心。
- ▶ 你计划开始一个更健康的饮食计划,但家人可能不喜欢这个主意,因为这样就不能去以前最喜欢的餐厅吃饭了。
- ▶ 你正考虑搬家,但你的伴侣可能不愿意冒这个风险,尤其是在他或她对目前居住的地方感觉很满意的情况下。

- 你想投资创办一家小型企业,但你的伴侣可能会认为这笔钱可以更好地用于另一件更重要的事。
- 你想在周六早上教健身课,但你的孩子可能不希望你周末离开家。

当你准备放手一搏,打算听取"无法选择的人"的意见时,我们希望你考虑一个重要的词——妥协。我们不是要求你在追求梦想的态度上妥协,而是希望你对实现目标的方法保持开放态度。

尊重反驳你的人,更能赢得对方的尊重

我们发现,当发生冲突时,并非所有"无法选择"的关系都能得到妥善的处理。然而,当你需要他人的支持来实现自己的愿景和梦想时,换位思考和尊重他人的观点会带来很大的帮助。虽然我们不能让所有我们在乎的人都支持我们的决定,但我们仍可以关爱他们,而不让他们影响我们的生活。因为这些人只是与你息息相关,但没有一定要支持你的义务。即使他们愿意,很多人也不知道该如何给予支持。不要强迫(或期望)他们做一些他们力所不能及的事情。

热爱你和他人的共同点,珍惜你们一起做的事情。如果你坚

持自己的节奏，并且培养出对生活中每个人都表现出尊重和共情的能力，你可能会惊讶地发现，曾经的诋毁者慢慢变成你的支持者，或者"无法选择的人"也能更好地理解你的需求。在这一切还没有成为现实之前，不要让他们对你宝贵的、有价值的自我看法产生不好的影响。

第五章

立刻行动，勇敢踏出改变的第一步

> 成功的代价是辛勤的工作，忘我的奉献，以及无论成败都全力以赴的决心。
>
> ——文斯·隆巴迪

速览导读

这一章不仅提醒你必须努力工作才能取得成功，同时也是一份行动指南，它可以帮助你提升能力，以实现你放手一搏的目标。

思想启迪

敢于说"不"，像管理不可再生资源一样管理时间，可以让你在人生规划中学会留白，这样一来，你就能够用切实行动来探索风险。

成功是通过职业道德、专注力和每日付出共同组合所得到的结果，这些方法可以让你朝着最重要的事情坚定前进。

努力追求梦想，直到你创造出真正的机会来决定你的未来。如果你要放手一搏，在真正做出选择之前，不要轻易"退出"。

想象一下，你走进一间室温40℃的健身房，在90分钟的课程里，你需要做各种高强度的伸展动作，并且中途只有一次喝水休息的时间。坚持下来以后，你流出了能装满一个咖啡杯的汗水，垫子和衣服都湿透了。

在这个过程中，会有一位教练与你一起做动作并保持一段时间——可能是10秒，也可能是1分钟。教练要求你专心投入，不要因为时间、高温、身旁的人，甚至是你面前镜子里的自己而分心。你需要专注眼前的这一刻，挑战自己，克服身体拉伸的极限，寻求每个动作练习效果的最大化。

没有人知道在健身过程中你付出了多少努力，甚至你的教练也无法完全知晓。提升的过程中没有分数可以作为考量依据，你也不会在课程结束后得到关于自身表现的个性化评估。如果没有对评估结果的期望，你的目标可能只是"忍受下来"，因为锻炼过程的每一分钟你都在提醒自己，这是一种难以言述的痛苦，并不断问自己为什么决定参加这个课程。你也可以环顾四周，在镜子里看看那些似乎练得十分投入的人。你可能会花时间思考，一个人若是对这种"酷刑"乐此不疲，一定是被什么东西洗脑了。

或者你可以有意识地尝试另一种策略。你可以告诉自己，既然已经花了时间来这里了，就踏踏实实地完成课程吧。你发现自己可以从痛苦的训练中学到一些东西。你提醒自己，选择这节课程是为了拉伸筋骨，只要更努力一点，逼迫自己一下，当训练结束时，你就会因为这次体验而变得更加强大。

对于新手或者外行来说，这个被称为"高温瑜伽"的课程似乎是一种自我伤害的酷刑。但对于全球热爱这项运动的爱好者来说，高温瑜伽就是他们的救星。我们两个热衷于帮助别人获得放手一搏的勇气并积极面对生活风险，对我们来说，高温瑜伽是一个美妙的隐喻，在我们看来，每一天都是做出主动选择的契机。我们可以为获得经验而奋斗，也可以利用经验来增强我们的风险承受能力，一点点驱动自己走出舒适区。

我们知道有时你会感到压力，有时你会觉得自己被困在一个牢笼里，找不到出路，所以一个简单的应对策略就是迎难而上。我们还发现，只要你能找到正确的关注点并且获得一些指导，就有机会打破自己长久所处的模式，从而发现一种全新的生活方式，引领你走向成长时刻、拥抱新的发现和风险，为人生增添意义。

毫无疑问，生活总是充满挑战的，想要改变自己可能很难。

但你明知道你所梦想的灿烂图景有可能成真,而自己却没有朝着它们不懈努力,你甘心吗?这种反思可能很艰难。而我们给你的挑战就是选择拼搏——是任由从未被激发的潜力浪费掉,还是接受训练、做出渐进的改变,以实现对自己和其他人更好的追求?

我们知道你已经准备好接纳持续的风险。本章将致力于帮助你在生活中创造拥抱风险的环境和条件。

别用自己的优质时间做别人的优先事项

我们在第二章中谈到,如何发现生活中让你感到不满意、不满足或不快乐的地方,以及如何努力挣脱束缚,朝着更好的选择前进。具有讽刺意味的是,完成重要工作的第一步往往是对那些不相关或不值得的工作说"不"。我们知道生活中最难做的事情之一就是学会接受"不"这个词,以留出空闲时间来迎接风险。例如,我们可以:

- 拒绝别人占用我们时间的请求。
- 回绝别人认为"对我们最好的"机会。
- 消除我们因为不想做别人想让我们做的事情而产生的负罪感。
- 拒绝参与一些社会认同度高,但对我们没有意义的事情。

这些情况可能让你感觉很难受，因为我们觉得自己让别人失望了。我们总是选择做一些更简单的事情，比如和自己协商：帮别人个忙吧，这只需要几个小时，或者一个月只需要花一个周六，这件事可能不会花费我那么多时间。而事实是，时间积少成多，我们花在取悦别人上的时间越多，花在自己身上的时间就越少。当我们对不想做的事情说"可以"时，我们就是在允许别人的优先事项比我们自己的优先事项更重要。

能够说"不"是勇敢的行为。说"不"是一种风险，因为它会给你的人际关系和日程安排带来不确定性。然而，拒绝他人的要求时，你就创造了留白——未被占用的留白，这对你来说可能是新的机遇。留白区域给你提供了探索风险的机会，这种机会不能被浪费，而是应该得到积极地守护。如果没有留白，你最终不仅会缺乏追求目标的能量和动力，还会错失建立希望、实现成就的机会，也会错失在追逐梦想时发现乐趣的机会。

拒绝与你的兴趣、价值观和喜好无关的机会，你就能节约几分钟、几小时甚至几天的时间。你可以把这些时间重新投资到你的生活中，随着时间的推移，这些碎片留白就会产生巨大的效果。所以这样来看，"一夜成名"实际上是由一段较长时间内的碎片时间累加而来的。你需要把说"不"的能力看作改变生活轨迹的捷径。

对歌王说"不",对歌后说"是":多莉·帕顿

我们最喜欢的一个关于"说不"的故事来自多莉·帕顿,她是著名歌曲《我将永远爱你》("I Will Always Love You")的词曲作者。

多莉在接受采访时表示,在20世纪70年代初发行这首歌时,她就知道这首歌非常特殊,并且会大受欢迎。后来一切如她所预料,多莉看着它在各大排行榜中排名一路攀升,最后居于榜首。新歌发行后不久,埃尔维斯·普雷斯利找到多莉,向她表示自己想要演唱这首歌。这是一个令人兴奋又可行的提议,多莉当然很感兴趣,但她的经纪人告诉她,埃尔维斯通常会保留他所演唱歌曲的一半版权。这使多莉犹豫起来。众所周知,在音乐行业,歌曲作者——而不是歌手——往往从热门歌曲中受益最大。埃尔维斯的歌肯定会大受欢迎。然而,他想要通过演唱多莉写的歌获得成功,同时却要求她放弃自己最为珍视的东西——对自己所创作的歌的所有权。

最后,多莉拒绝了这个要求。她对歌王说"不",由此放弃了一个赚大钱的机会。但她知道生活中有比金钱更珍贵的东西,比如她的诚恳及对自己的期待。更重要的是,这一举动影响深远。多莉做出这个决定时并不知道,约20年后,

> 一部名为《保镖》(*The Bodyguard*) 的电影将会上映，惠特尼·休斯顿演唱了这首歌（而且没有要求要任何版权），她演唱的版本也刷新了唱片发行记录。多莉后来说，惠特尼对这首歌的演唱让她赚得盆满钵满。

多莉的大胆举动很有力地提醒着我们，说"不"并不会关上一扇大门，它甚至可能会创造你当下无法预见的机会。你勇敢地说"不"可以带给你许多冒险的机会。例如：

- 申请新的在线课程，获得想要的学位。
- 在工作中发表重要演讲时多做一些准备，向高层领导展示自己的才能。
- 提高你负责的大型项目的质量验收标准。
- 创建博客或生活小贴士网站（或是你想涉足的任何其他社交媒体）。
- 探索一份可以做大做强的副业。

学会留白很重要。还记得小学时，老师总是不让我们在页边空白处写字吗？但现在，我们要重新探索一下这些留白的利用方式。

让每天可用时间"膨胀"的秘密通道

所谓留白处就是你为了成为更好的自己而预留出的时间。它可以是每天 1 小时，也可以是每周 3 小时。你可以用这些时间来尝试做一些冒险的事。还记得我们的约定吗？我们不希望你为了改变生活而马上辞职。留白处也是你开始做研究和实践自己独特想法的地方，无论你想过渡到什么领域，这对你都有帮助。你可以利用这段时间建立人际关系网，明确你的求职意向，完善你的简历，烹饪更健康的食物，练习吉他，或者学习一门新语言。

理想情况下，你应该利用一天中大脑的"魔力时间"来发挥留白处的作用，也就是你觉得受生活责任拖累最少的时候。对我们俩来说，我们的魔力时间就是清晨醒来的第一时间。作为早起的人，我们发现一天中最有效率的时间就是清晨在家里办公的时候。这时家里其他人都在睡觉，我们可以专注于工作中更有战略意义的方面（比如创作或设想新的举措），而不受邮件、短信或电话的干扰。我们为第一本书做策划时，一直在努力扩大留白处——在这段时间里，我们仍有固定的工作，所以这些留白处是我们唯一可以投入写作的时间。当然我们也利用了一些周六，还有很多晚上的时间通话，抓紧一切机会交谈上 20 分钟或 30 分钟。很多人说他们没有时间去追求自己的理想。我们的观点是,你完全有机会为重要的事情腾出时间。

对你来说,这个时间可以是在晚上。你可以趁着孩子看迪士尼动画时,利用这一个小时。或者,当你的伴侣工作到很晚或参加社区活动时,你也可以抽出一些时间。总而言之,你了解你自己,你知道自己什么时候精力最集中,知道自己什么时候效率最高,你可以利用这些时间来做一些你期望做的事情。

稳住自己:安吉的故事

当新型冠状病毒感染来袭时,正如预料中的那样,我的生活几乎停摆。之前我已经习惯了每个月出差7天以上的生活。现在,就像其他商务精英一样,我在家里度过了一段前景黯淡的日子。我也知道,商业模式将面临改变。我们的业务包括政策指导、主题演讲、现场咨询、研讨会等,但是现在,我们很大一部分的业务都无法开展,随之而来的就是收入锐减。这种巨变让我又沮丧又迷茫,甚至几个星期都无法面对现实。

记得在疾病开始蔓延时,我曾跟我的一位导师,前参谋长联席会议主席约瑟夫·邓福德将军谈过话。他同意作为嘉宾参加星际领导咨询公司的一次免费、开放注册的网络研讨会，与我们的观众分享关于如何面对不确定性的建议。趁着直播前的休息时间，他问我过得怎么样。我坦诚地表达了自己的焦虑，并表示自己可以再坚持几个月。他直截了当地说，我还需要做好这会持续18～24个月的准备。当他分享这些信息的时候，我强装镇定地向他微笑着点了点头，但是在我的内心深处，我感到心碎难支。我不想相信他的话，但我知道他比任何人——媒体工作者、政治家、商界领袖——都更了解我们的现状。我需要接纳这些建议，并迅速调整自己的预期。

　　有些人喜欢通过交谈、画画或散步来处理情绪。对我来说，我依靠写作来平复情绪及梳理思路。写作能让我思路清晰、找到方向。那天晚上，我坐下来写下了自己的所听所想，仔细思考这对我的生活具体意味着什么。我知道自己正在进入一个巨大的重塑时期，而这不仅仅是在职业上，还体现在许多方面。我知道我正面临一个选择——接下来的两年可能是我生命中最困难的两年，也可能是最具变革性的两年。

　　我一直对专注的灵修很感兴趣。然而，我并不是个特别关注这些领域的死忠粉。不过，我相信，如果我在生活中留出时间——每天至少90分钟——来保持身心健康，并坚持传达自己的价值观念，那么，我就能在这段困难的时期为自己和他人带来勇气和耐力。这样一来，当一切恢复正常时，我就会在无法预料（或衡量）的方面变得更好。

换句话说，在我的留白处，我在自己身上下了功夫。守住自己的留白时间让人觉得非常有必要，但我敢肯定这对其他人来说是相当沮丧和恼火的，因为他们习惯了在需要的时候来寻求我的帮助。但我知道生活正在改变，我要么成为这个过程中的过客，要么成为它的掌控者。为了做自己的主宰者，我就需要好好下功夫。生活的方向并不会仅在一次头脑风暴的会议中就变得清晰，它需要通过时间和思考才能找到。

我也很庆幸自己做出了这样的改变。在那段困难的时期，尽管遇到各种挑战、困难、经济损失和打击，但每天我都在留白时间里过好自己的生活。这种日常练习给了我时间来处理我自己的世界，专注于我的未来，并以眼下所必需的方式进行改变。令人惊讶的是，这样做了以后，我甚至拥有了更多时间去思考如何用自己的能力去帮助别人。在人力资源团队工作了这么久，我对别人的价值是帮助他们写出一个非常完美的简历并为其争取到理想的工作机会。我善于帮助朋友和家人完善他们的简历，这样他们就可以轻松找到更稳定的工作，这是一种荣幸。为优秀的人才找到理想的工作也是很棒的体验。这个过程让我充满活力，让我可以看到我在许多事情中失去的东西——希望。我也努力将这种美好的感觉施予到其他人身上。

我坚信，你拥有的最重要的关系就是和你自己的关系。如果你无法照顾好自己，就无法应对生活中的挑战。只有照顾好自己，你才可以激励自己放手一搏，同时也能为别人的人生旅程提供支持。你的领导能力是从自身内部开始的。虽然听起来简单，但这并不容易。对许多人来说，想要帮助他人，必须首先投资自己，这似乎是有违常理的。但事实是，你永远不能给予别人你自己都没有的东西。

在生活中，你应该展现出因自己的能力而振奋的状态，虽然这需要时间。但是开拓你的留白时间并在其中努力奋斗，这对你的成长和发展至关重要。

志在顶峰者，决不能停在半山腰

是的，前文提到的这一点非常重要。如果你花时间和精力在生活中创造留白时间，并尝试新的想法和行动，你就一定想在这个神圣的时刻确定你的选择是否正确，这个想法是否值得你勇往直前地追求。

如果半途而废，你就有可能对一个选择的可行性得出错误的结论。这就像你只上了几节钢琴课,没有加以练习,然后就得出结论,说自己永远都弹不好想学的那首比利·乔尔(Billy Joel)的歌,于是就放弃了。然而,现实是,你有潜力演奏比利·乔尔的许多歌曲,只不过你从来没有尽过最大的努力或者付出全部精力去学习。

以下是生活中其他一些我们容易半途而废的事情:

- 你打算在工作中为团队安排一次新的团建活动,却没有经过认真调研就草率地推出一个活动。不出所料,活动的效果并不理想,于是你得出结论,你的团队对团建活动不感兴趣(在得出这个结论之前,你应该试着让团队参与进来,看看他们想做什么,然后围绕他们的兴趣和偏好组织活动)。
- 你向一些公司门户网站提交了简历,但没有收到回复,你就觉得自己正在寻找的工作超出了自己的能力范围(如果你真想追求一个新的工作机会,就应该找到多种途径来投递简历,然后打电话确认对方收到了你的简历)。
- 你决心要改善与某人的关系,但是当你和对方在一起时,却把时间花在了玩手机上(我们知道迈出第一步可能很难,但这往往是改善我们与他人关系的关键)。
- 你没有复习就去参加房地产执业执照考试,自然没有通过考试,你就以此作为自己不适合干这一行的证据(想通过考试当然应该认真复习——没有人会后悔为考试做了过多的准备)。

总而言之,半途而废不仅会让你得到糟糕的结果,还有造成认知错误的风险。你甚至会发现,自己错过了从承担风险中汲取经验的机会。

在生活中,仅仅拥有目标还远远不够。树立目标很重要,但这不代表你能如愿以偿。你必须付出努力来确定这条路是否真的适合你。这需要承诺、耐心和毅力,因为你所追求的结果永远不会立竿见影。

对于那些开始健身计划的人来说,常见的情况是,你需要 4 周时间才能看到效果,你的朋友和家人需要 8 周的时间才能留意到你的变化,其他人需要 12 周的时间才看得到。换句话说,想要取得显著的效果,需要花费比你想象中更多的时间。

我们希望,当你决心为自己创造留白空间时,你需要优先考虑一些值得自己"冒险"的事。

毕竟,如果不付诸实践,那目标永远都只是一个想法。而努力奋斗会使你所寻求的目标成为可能。你不能只是计划,你必须去执行。计划和行动之间有一个平衡点,现在我们就来谈谈这个问题。

制订反向时间表：让生活有条不紊的秘诀

为任何事情制订计划都是非常激动人心的。写下想法、列出时间表、描绘蓝图时，每个目标的意义就都变得清晰起来。我们已经记不清，有多少次我们与客户的管理团队坐下来，帮助他们的业务部门制定愿景和战略，帮助队伍统一思想，激发他们的潜能以朝同一个目标奋斗。但我可以这么说，经过这个过程后，随之而来的热情和兴奋可以"点亮"一段人生。

制订计划十分必要，也会使人振奋。无论何时，无论你尝试做出任何改变，即使是在工作中启动一个新的计划，你都需要仔细考虑应该如何进行。比如，你希望哪些团队成员参加会议，手头可用的资源有哪些，以及你将如何应对眼下可以预见的、无法避免的挑战。如果没有事前计划，就很容易陷入旧有的例行程序，那么你追求超越现状的美好愿望就很可能会落空。

当你开始做计划时，一个有用的策略是反向计划。这意味着你要开始思考想要实现的目标，规划它，并设置一个截止日期。比如：

▶ 我想在两年内还清所有信用卡债务。
▶ 我想在下个季度末开发 3 个新客户。
▶ 我想在 8 个月内离开城市，搬到郊区。

▶ 我想在 12 个月内弄清楚投资哪家特许经营店比较理想，以及它是否有可能支撑我的家庭开销。
▶ 我想在 6 个月内骑行欧洲。

要知道，与其创建一个从现在到截止日期的正向时间表，不如从目标完成日期开始，创建一个反向时间表。例如，目标完成日的前一天你打算做什么？提前两周，你又打算做什么？

有趣的是，正向计划和反向计划在设置目标完成的关键节点方面通常没有什么不同。然而，区别在于，当你反向计划时，能够更直观地想象结果和成就，可以催生出更强大的动力和更强大的愿望。研究表明，反向计划还会影响你设定的目标（反向计划实际上会激励你把目标设得更高一点，因为在设定计划的过程中，你会意识到自己可以做到更多的事情）和取得积极结果的可能性。当你放手一搏时，我们希望你成功的概率能够大大提高。所以说，如何设定计划真的很重要。

无论如何，都要有计划，但要注意的是，不要过度计划。

1/3-2/3 法则：要有计划，但不要过度计划

我们曾在美国海军陆战队学到一个很好的经验法则，那就是在做计划时遵循 1/3–2/3 法则。也就是说，你应该用三分之一的

时间来做计划，三分之二的时间用来实现目标。如果你花费太多时间做计划，就会在无形中浪费过多的时间。你本可以利用这些浪费的时间来与其他利益相关者协调行动，确保团队步调一致，发现自身优势以及自己能发挥的作用。在你采取行动的时候，也需要冒着失去动力和没有准备好的风险。

花费太多时间做计划也意味着你想做的事情可能永远不会做成。商学院里到处都是学生自创的商业计划，其中充满了令人惊叹的创业愿景，这些宏图一旦实现，它们就可能会改变世界。但它们只是存在于硬盘中的计划，而且基本上永远不会得见天日。当然，这些计划中也有显示盈利能力的电子表格和描绘辉煌成功的文字描写作为支撑。但是，除非工作完成，不然这些计划仅是一纸空文。

如果你发现自己有过度计划的倾向，并且在采取行动之前总是沉迷于不断完善计划，那这可能在警示你，实际上你是在逃避风险。首先，这个世上根本不存在完美的计划，你所谓的努力都是想要完善一些永远不可能完善的东西。美国海军陆战队的经历也教导我们，计划是改变的参考，所以即使你列出看似万全的详细计划，事情也不可能像你想象的那样顺利地展开。总会发生你无法预见的摩擦，也总是会有偶然发生的意外和惊喜……没有什么事是你可以预料或提前做好准备的，意外情况总会发生。如果你曾经计划过完美的假期，而事实是你的伴侣突然生病了，或者假期内一直都在下雨,你就明白我们说的意外是什么意思了。

当你做反向计划时,你会注意到,在实现梦想的旅途中,还有很多要做的事情。为了帮助你划分优先级,我们会告诉你最好先把棘手的事情处理掉。

你克服的困难,都会变成你的核心竞争力

无论何时,当你认为时机成熟,可以开始做一件新事情时,我们的建议是,从看似最具挑战性的任务入手。这也可能是最耗时的环节。你应对困难的能力将决定事情的成败,比如这是否是一项你喜欢并想要参与的活动,以及你所付出的努力是否值得。在这个过程里,你将学会珍惜自己在没有任何经验可借鉴的任务上付出的时间和精力。所以,请优先处理最让你头疼的工作。

例如,你需要在孩子的学校发起一项筹款活动。如果公益筹款是你一直想尝试的事情,在你答应或拒绝之前,你要先利用留白时间来确定自己是否有能力完成相应的工作。公益募捐活动最困难的环节当然是筹集资金。给自己留出一两天的时间,打电话给那些有经验的捐赠者,让他们评估一下你的请求是否合理,以及他们是否愿意支持你的努力。向这些人提出问题比打电话给不相干的人,听听他们对你是否应该利用这个机会的意见,会得出

更有效率的结论（当然，你也可以征求其他人的意见，但前提是你要在最困难的事情上多付出一些努力）。

或者，如果你想在家乡开一家小型啤酒厂，在准备原料、设计标志和寻找啤酒花供应商之前，你应该先花点时间看看房地产行情，了解租金成本及申领营业执照问题，看看你需要做些什么准备才能实现梦想。我们在一些有抱负的企业家身上经常看到的情况是，他们总是沉迷于一些自认为有趣的事情，比如创立商业品牌、设计公司网站等，这往往使他们很晚才发现，当他们最终面临那些能让他们取得成功的环节时（如业务发展、现金流管理），他们却陷入了困境。打推销电话和看财会账目都远不如构思商业蓝图有趣，然而，这些工作对于企业生存发展却是十分必要的。

在艰难的事情上取得成功，能给你带来信心，帮助你确定自己是否能在这个领域取得成功。而克服困难的过程，实际上是在创造选择的机会，帮助你做出继续前进或放弃的决策。

机会不是别人给予的，而是创造出来的

让机会成为现实的不仅仅是计划和准备，更重要的是行动。当行动只涉及你自己及你的主观意愿时，你就能对结果和努力过程享有更多控制权。但是，如果你的成功与否要取决于外部因素

（如老板、市场或信息第三方），事情就变得有点棘手了。

我们都明白，很多事情的成功并不完全取决于我们自己。也许还有另一个人的决定会影响我们成功的脚步，比如招聘经理决定把工作机会给哪个幸运儿，或者招生委员会决定谁最适合加入某个项目团队，又或者是贷款审核官员决定是否向你发放抵押贷款。外部约束往往会驱使领导者过度依赖想象和预测，他们会依靠预料他人的否定或拒绝来寻找现实生活中做决策的时机，而不是靠采取实际行动来寻找。

在放手一搏的过程中，很大一部分努力都是在创造机会。当你想要实现的目标依赖于外部因素时，你要一直全力以赴，直到有其他选项供你考虑，这一点十分重要。你是否曾考虑过以下问题：

- 我想申请加入那个项目组，但我不确定自己是否会被录取，所以不敢尝试。
- 我知道自己可以为该项目做出贡献，但我猜测老板不会允许我在工作的旺季出差，所以我不会申请成为那个团队的一员。
- 我很想从事国际工作，但要获得签证几乎不太可能。

这些问题说明，你实际上并没有为事情创造一个做选择的机会。你甚至还没有面临真正的选择，就提前放弃。我们的建议是，勇敢提出申请，向老板提出要求，或者申请签证。如果你真的想要做成一件事情，那就努力为它创造做选择的机会，而不是因为害怕、回避或抗拒这些问题、过程或风险就在心理上选择退出。

你总是可以决定自己不想做什么。但在困难成为现实选择之前，不要退缩。在创造选择机会的过程之中，你会学到很多，成长很多。成功来自你的努力，而不是你自己的空想。当你完成实现梦想所需要的工作时，你就会获得宝贵的智慧和更广阔的视角。

获得机遇与认真思考：考特尼的故事

像许多专业人士一样，我也有过很多时刻，不确定自己的职业生涯应该何去何从。在那段令人难忘的日子里，我一直在为哪条路最适合自己而困惑，因为我正面临3种截然不同的选择。那时我即将从法学院毕业，并且对于在一家大型律师事务所工作很感兴趣（好吧，这可能并不太适合我。我当然对在一家大型律师事务所工作获得的高薪感兴趣，但我不确定经常独自在市中心一间安静的办公室，每年应对数千小时的工作量，是否真的适合我）。

在911事件发生之后，我发现自己对国家安全事业十分感兴趣。作为一名美国海军陆战队员,我有非常强烈的愿望向美国中央情报局(简称"中情局")递交申请,加入著名的行动局(该机构处理间谍活动的一个小部门)。我热爱挑战和冒险,因此成为中情局的一员这件事非常吸引我。

当时安吉和我也在尝试创作我们的第一本书,我们还在考虑开一家公司,与专业人士分享提升领导力的课程。

虽然我不确定哪条职业道路最适合自己,但我知道,经过慎重思考做出最终选择将是一个艰难的过程。幻想自己想做的事与真正去做这些事有很大的不同——在一家律师事务所从事忙碌的工作,通过中情局的选拔程序,催促出版商把我们的书出版,又或者是寻找资源开始经营工作。我知道我有一大堆工作要做,倒不如实事求是一点,看看哪些选择对我而言更切实际。

如果选择律师事务所,这意味着我必须在暑期助理工作中表现出色。如果进入中情局,这意味着需要花费漫长的几个月自学国际事务,以便我能够就全球事务发表明智的见解,并完成包括学术测试、心理评估和完整的生活方式测谎测试在内的面试过程。如果我们决定创业,这意味着我要与安吉进行多次计划和写作会议,做出写书的提案,并找到一个代理商来推销我们的书。

无疑，我会忙着尽我所能去实现自己的愿望和抱负。虽然这对我来说是一段紧张的时期，但我的严谨使决策过程更加有条理。经过努力，我终于拨云见日，事情逐渐变得清晰起来。我把梦想变成了行动，这让我在创造选项和做出选择时变得更有魄力。在重新考量每一条路的过程中，我有了新的感悟。

我很喜欢那家律师事务所的同事，但我很快就发现，尽管正如我所推测的那样，暑期工作薪水很高，但这份工作并不适合我。于是我拒绝了那家公司提供的长期职位。入选中情局令我十分兴奋。能够得到这份工作，我感到很荣幸。我内心喜欢挑战的一面很想谱写未来的冒险篇章，就像我在军队里经历的那样。然而，我不确定是否想将这种生活方式贯彻我的一生，因为我知道，有一天我可能会想组建一个家庭。所以，这份工作似乎不符合我对人生新篇章的设想。于是，在最终确定它不适合我之时，我放弃了这份工作。

最终，正如你可能猜到的那样，我选择和安吉一起创办星际领导咨询公司，并写下了后来很多本书中的第一本。这条路让我可以随时放手一搏。如果我没有努力追寻其他梦想，我永远也不会有勇气和信心去追求我真正热爱的东西。律师

> 事务所和中情局都给我提供了工作机会,这让我确信自己拥有一些受到市场认可的技能,可以勇敢追求自己想尝试但又不敢做的事情。此外,通过暑期实习和漫长的中情局面试过程,我对这些职业有了更加充分的认识,并有机会认识那些正在从事着这份职业的人。正是这种亲身实践的积累让我避免了许多"本应该、本可以、本来会"的遗憾,尤其是在创业中的艰难时刻,这些帮助尤为重要。
>
> 如果你有一个与自己价值观一致的目标,那就去追求它,直到你能够做出真正的选择,或者到达一个无法再前进的地方。这样做不仅能让你减少日后后悔的可能,还能让你拥有丰富的经历,更清楚地了解到自己是谁,以及在生活中真正想要的是什么。

任何机会都想尝试的人,往往缺少智慧

一旦你面临一个真正做选择的机会,就应该认真评估它是否适合你:

- ▶这个决定是否符合你的价值观?
- ▶这个目标值得付出努力吗?
- ▶这是你想用你的时间和人生追求的梦想吗?

- ▶ 这些人是你想与之交往的人吗?
- ▶ 在你的人生旅途中，这段学习经历会让你受益吗?

有时，这些问题的答案是肯定的，有时它们的答案是否定的。但要想做到这一点，你必须积极将自己从选择中分离出来，这样才可以做出合理的决定，继续前进。最好的决定往往既感性又合乎逻辑。我们需要情感，它可以提供成功的动力，与我们内心的感受联系在一起。情绪让我们爱上了自己所追求的东西，使我们的努力变得更有价值。我们也需要逻辑，逻辑促进我们大脑的发展，让我们拥抱理性。我们需要逻辑为实现梦想带来智慧。

03

第三部分

心智提升：追赶强者，攀登顶峰的捷径

第六章

打造安全网，破局思维不设限

> 安全不会不请自来。
>
> ——佚名

速览导读

本章强调了强大的安全网对我们冒险之旅的必要性。这些关键因素包括：你的财务状况、才能和判断力。

思想启迪

当我们感到安全时，才会选择做勇敢的事情。

建立一个安全网可以让你承受生活中的更多风险。

只要拥有安全保障，无论你所承担的风险结果如何，你都会因为这次经历而变得更好。

安全规划需要恰到好处。不要低估或夸大你对安全的需求，要明确实际情况。

只有当我们感到安全时，才会做勇敢的事情。

比如，只要携带了背带和保护绳，我们就敢攀岩，甚至敢玩蹦极、滑翔伞、水肺潜水和跳伞。

当我们在心理上感到安全时，才会敢于坦率地分享自己的观点。只有这样的时刻，我们才会放下戒备，勇敢表达自己。当我们感到经济有保障时，才可能会在度假上多花点钱，甚至购买几个月前还在犹豫的热门商品。

我们可以在生活的许多方面体验安全感，我们需要那种心理有所安慰的感觉。安全感会激发我们承担风险的勇气和信心。因为我们知道，无论发生任何事情，我们都有适当的措施来保护自己，哪怕我们摔倒了，也有后盾可以依靠。

我们希望你在放手一搏的过程中感到安全，这样你就可以做你梦想中的更勇敢、更重要的事情。我们不希望你不计后果地冒险，因为一旦失败了，你的情况可能会比开始的时候更糟。我们希望你有保障地承担风险，即使遇到困难，也可以很好地"触底反弹"，并且因为这段经历而变得更好。你在生活中获得的经验越多，你能学到的东西就越多。你越了解哪些风险是值得,甚至是必要的,你的成功之路就会变得越顺畅、越愉快。一个精心编织的安全网会让你有信心不断面对重要的风险,而不是害怕未知的事情。

我们将帮助你重新构建安全网,如果你失败了,这样的安全网可以为你提供保障,你就不会一蹶不振。而且,就像我们提倡用万花筒方法来想象美好生活一样,这种平衡感有助于确定什么能给你带来稳定和安全感,让你有意识地拥抱风险。你可以把3个关键因素编织在一起,建立一个稳定的安全保障基础,这3个因素即你的财务状况、才能和判断力。

这些元素相互依赖,你需要所有这些元素,用勤劳来构建自己的安全网:

财务状况 + 才能 − 判断力 = 错失机会

才能 + 判断力 − 财务状况 = 资源不足

财务状况 + 判断力 − 才能 = 机会有限

在考察这些元素时,我们希望分享一些关于每个元素的新观点。我们的目标是让你认识到,你对安全感的需求要么会帮助你,要么会阻碍你。而且,就像我们分享的所有冒险的技能一样,这些元素是我们可以在一生中不断探索的领域,当我们在风险中成长时,我们的安全网也会随之加强。

储蓄账户的余额，永远是你的底气

财务规划的内容并不是本书的重点。关于这方面的建议，我们要把它留给理财专家去解决。但如果我们不讨论这个话题，那也是我们的疏忽，因为你放手一搏的结果可能与你的财务状况息息相关。在拼搏的过程中，你可能需要：

- 借钱
- 花钱
- 多存钱
- 收入减少（甚至一段时间没有收入）
- 精打细算
- 采取行动提高你的未来收入潜力（FEP）

作为企业家，我们必须承认，我们对金钱的看法与许多人不同。虽然情况并非一直如此，但当你的想法和努力转变为金钱的收入时，你往往就会把金钱视为一种可再生资源。毫无疑问，事实的确如此。然而，大多数人并不这么认为。

对于许多正在承担风险的人来说，钱是一种稀缺品。他们的金钱观导致他们的钱似乎怎么都不够用。人们很容易相信，你需要取之不尽的钱来保持安全或抵御风险。或者，你可能会觉得现在拥有的财富全都存在变数，如果你做了错误的决策，财富就会消失，难以失而复得。

让我们举个例子，有一位朋友莱拉，当她考虑转行以提高未来收入潜力时，她承认，她更容易想象的是转行失败的情况——自己将成为一个流浪在芝加哥街头的瘾君子，而不是在3年内将工资翻倍。

还有我们的客户迈克，他不想放弃自己的本职，又想转行做咨询，这样他就能在生活中拥有更多的灵活性。当我们追问他为什么充满畏惧时，他说他担心如果做出尝试，可能会在6个月内无家可归（顺便说一下，在较早的一次谈话中，他说除了全额退休账户外，他的储蓄账户中还有两年的生活费）。迈克所谓破产的想法显然说不通。他只是过度依赖经济保障，以至于对经济保障的过分担心阻碍了他对更好生活的追求脚步。

人们总夸大风险的负面影响，却很少想象自己所做出的选择可能带来的巨大好处。

当我们放手一搏时，钱固然是一个不变的因素，因为这是我们整体安全感中非常重要的组成部分。每个人都无法回避的一点是，我们需要金钱来生活，总有一天，我们会需要自己的存款来应对退休生活。如果你现在认为自己承担不起风险，这表明你需要扩展自己的理财知识，并深入了解自己的财务状况。如果发现你的财务状况最近似乎不太稳定，那就找到根本原因并尝试解决问题。这将帮助你制订一个计划，以获取所需的资源，使你能够在你想要的时机拼搏。

但是，这听起来是一个相当大的挑战。

对于我们接触过的许多领导者来说，钱通常不是问题。我们见过很多真正的百万富翁，也见过自诩的百万富翁，他们都不敢放手一搏。尽管他们的账户有很多余额，但仍觉得自己的财务状况不理想，这导致了他们在制订投资计划时犹豫不决。

大多数人把金钱视为消费和供应的工具。他们不认为金钱是一种媒介，可以用来投资于快乐和满足，或者提升整体生活质量。我们要明确一点：我们说的投资并不是买一个名牌包来提升你在社交软件上的形象，也不是买一块昂贵的手表来在工作中给老板留下好印象。这些花销是一种投资，但是，就本章而言，我们讨论的是积累经验方面的投入（如投资教育），这样你就可以提升收入潜力水平，或者获得贷款投资商业地产，或者花钱学习考取飞行员执照，或者请一个月的假去意大利参加烹饪培训。

从投资经验中收获的技能、信息和教训，对你来说都是真实的、内在的价值，将来会助你一臂之力。这是一种典型的短期付出，长期回报的投资。

一些人过分依赖经济保障，以至于他们拥有的资源反而在他们自己和渴望的生活之间制造了障碍。因此，不要过分追求安全感，不然你可能会因为害怕投资而放弃过上更丰富的生活。

我们有个朋友叫科林，他在一家规模不大的公司工作，他一直认为这家公司有一天会被其他公司吞并。当这种情况发生时，他将得到约5万美元的赔偿——这当然不是一笔小数目。然而，让他纠结的是，在过去几年里他一直想搬到凤凰城居住。科林一直在拖延这个计划，因为他一直在等待着公司被拍卖，虽然这是一件他根本无法控制的事情。他不想放弃留在这家公司的沉没成本（为此他失去了亚利桑那州的生活和在更好的公司中的晋升机会），他也很难接受税后的回报可能达不到他所希望的水平。我们跟他谈过多次，他可能被自己勾勒的海市蜃楼挟持了。但科林就像我们认识的许多处于类似情况的人一样——他们想在做出改变之前获得更多的经济保障。但问题是，他们永远没有满足的时候。

财务方面的挑战在于，我们需要经济保障作为编织安全网的要素，但有时我们掌握的资源可能无法满足我们一生的需求。

关于这一主题的研究主要来自丹尼尔·卡尼曼和安格斯·迪顿，他们曾经在2010年发表过一项关于收入对主观幸福感影响的研究，主要关注了以下两个因素：

- 情感健康——日常情绪的质量，比如我们的快乐和满足感。
- 生活评估——与他人相比，我们觉得自己的生活质量可以排到第几位。

他们研究的主要发现是，拥有更多的钱可以提升人们的满足感，但对于幸福感而言，它只会影响那些年收入在 7.5 万美元左右的群体。

换句话说，对更多金钱的不懈追求可能会让我们觉得在与那些假想敌的战斗中取得了优势，但它也可能会阻碍我们过上本可以通过冒险而获得的更好生活。

我们总结出的经验法则是，你需要知道自己在经济上需要多少储备来承担风险：

- 你的年度开支是多少？
- 你每月的生活预算是多少？
- 你需要在银行有多少存款，才能放心地探索风险？
- 你的应急资金是多少？你需要多少钱来抵御任何短期的财务意外？
- 你的收入目标是多少？

我们只有四五十年的时间来工作，所以应该让所有努力都结出果实。我们也只有这么多年的时间来承担风险，获取收益。这是一种微妙的平衡，它不仅仅关乎你存了多少钱，还关乎你在财务提升过程中所处的位置。为了提升未来收入潜力而承担风险和为安全感而存钱一样有价值。明确你需要多少金钱来获得经济上的安全感——不要低估或夸大这个数字，确定多大的金额对你来说刚刚好。这种意识将帮助你找到在财务资源和美好愿望之间的平衡，让你深思熟虑、有条不紊地迎接风险。

不断投资才能，让自己变得稀缺

财务资源只是编织安全网的一个方面，它能让你有信心、有意识地将风险引入你的生活。然而，与人们普遍的看法相反，财务资源并不是编织良好安全网中最重要的组成部分。比如安吉，她正是经历过离婚的摧残，才意识到真正能给她在不安全的世界里带来安全感的是什么——她的才能。

掌握自己的才能：安吉的故事

2019年对我来说充满挑战。经历离婚之后，我有了两个尴尬的新身份——单身母亲和离异人士。这个过程本身也是不可预测、令人难以承受且不知所措的。我记得在美国西海岸迎接新年的时候，我发誓2020年将是重整旗鼓的一年。然而，我要分享的是，如果说有什么让我为2020年的困境做好了准备的话，那就是在前一年经历了一场法律和情感的双重海啸，它吞噬了我生活中的每分每秒。

事实上，公平地说，离婚的过程还不算太糟，我和前夫都尽可能迅速而友好地解决了这个问题。我把走法律程序比作骑一辆自行车，我只能尽我所能地跟上律师和法院系统的速度。

然而，情感平复的过程却非常不同，甚至可以说是相当惨烈。我的悲伤不是秘密，尽管我也希望我的恢复过程能够保密。但我住在一个小镇上，所以不可避免地会在杂货店遇到朋友或熟人，他们都会问我："你还好吗……真的吗？"我很感激他们的关心，但这似乎使我无法从正在经历的困难中解脱出来。

我唯一的喘息机会是去做心理咨询，那里是我可以学习一套全新规则的神圣空间，这个规则围绕着我是谁、离婚后我想要什么样的生活。毕竟现在我是唯一能够掌控自己的人。

意识到这一点也让我大为震惊。近20年来，我一直有一个亲密战友，一个合作伙伴，一个可以一起展望未来的人。现在只剩我自己了，而且我如今孤身一人，要为自己未来的财务状况负责，这让我感到非常脆弱。

之前在星际领导咨询公司工作的整个过程中，我一直把前夫的转业军人养老金作为家庭的安全保障。对我来说，这是放手一搏开始创业的一块拼图。这给了我信心，因为即使我失败了，我们也不会破产。现在，在新的生活开始之际，我的经济保障，以及儿子们的经济保障，都只能依靠我自己。如果我失败了，我们就会陷入困境。离婚只给我留下了不到一半的积蓄，我必须从前夫那里买下我们结婚时建造的房子，因为那是我和孩子们深爱的房子。

有很多很多个深夜，我同自己展开私密谈话，并且在梳理财务账单时质疑过自己的创业追求。我在想，我现在是不是应该到一家大公司求职，获取一份稳定的薪水和更多员工福利，因为我现在没有医疗保险，而找到一份这样的工作可以让我过上一种更平衡、更安全、更可预测的生活。那几天，我一直在琢磨这个想法，想象着戴上不同的帽子——一顶是这个雇主，一顶是那个雇主，一顶是那个非营利组织——我只是想体会一下感觉如何。然而，不管我尝试什么帽子，似乎都不合适。我只想继续我一直戴着的那顶让我很舒服的星际领导咨询公司的帽子，也是我最爱的帽子。

我记得我在树林里走了很长一段路，这是一种很好的自我交流方式。我突然意识到，除了星际领导咨询公司创业的头几年，我们的业务一直相当稳定。大部分时间都是我们的成长期，那么我现在的职业道路还有什么会让我感觉害怕呢？我并不需要前夫的收入来保证安全（尽管它确实有帮助，也很有价值）。虽然我失去了一半的金融资产，但我仍然拥

> 有100%的才能。如果我现在的工作就可以发挥我的才能，通往更大的成功，我为什么还要换工作呢？
>
> 这种认知让我明白，我不需要在职业上做出改变。如果一定要说有什么不同的话，那就是我需要依靠自己在这个职业领域培养的才能，继续加倍努力。正是这些才能帮助我重塑一个比以往任何时候都更强大的自己。这也是我需要放手一搏的地方。在离婚过程中，我花了太多时间关注我的损失，而这些损失不仅仅包括亲密关系，还包括金钱。更可悲的是，这种亲密关系消失了，再也不会回来了。但我因清算资产而损失的钱是完全可再生的，因为我还拥有一切能够为我自己再次赚到钱的才干。而这才是我真正的安全网。

承担风险，你需要与时俱进的能力

作为心理咨询师，我们看到许多领导者更相信老板、组织、政府或其他人的风险承受能力，而不相信自己的才能和技术。他们相信，在某个岗位上的时间或者与管理层中某个人的关系是他们安全感的重要来源，如果他们保持低调，依指示去做，他们就可以拥有自己需要的一切安全感。

人们很容易相信，工作是安全网的一部分。但实际上，是你的表现和能力达到并超过了标准，才让你保住了工作。重要的不是职位，而是你如何在这个职位上成长、贡献和表现。你的才能、努力和在遭遇不可避免的挫折后重新振作的能力是编织安全网的关键要素。而这些要素能为你创造机会。

我们看到许多领导者在单纯的工作层面做得很好——但他们的技能和相关才能却没有增长。安吉的父亲杰瑞是一名职业教育家。在他担任高中校长期间，经常注意到两种类型的老师：

▶ 有 20 年工作经验的老师。
▶ 只有某一年级经验的老师，但是重复教了该年级 20 次。

我们都能理解这些差异中的细微差别，并且希望别人以此描述我们在工作中的成绩。

当然，挑战在于如何在当今不断发展的职业环境中做到优秀，尤其是随着技术的快速发展和工作方式的不断变化而及时提升技能。就个人而言，我们必须承担起责任，跟上时代步伐。这样，当我们提倡接纳工作风险时，我们也是在相关背景下这样做的，我们会告诉你什么是相关性、什么是前瞻性，以及什么会带来真正的价值。

许多人认为职业发展是老板考虑的问题，但我们并不赞同这一点。职业发展是我们自己的事。我们不能等着老板向我们介绍新兴技术、新的合作、客户的联系方式，或者优秀商业案例。如果他们这样做了，那太好了！这相当于变相红利！但你必须学会开发自己的项目，因为这对提升自己的职场价值至关重要，切记不要把这个责任推诿给任何人。

我们永远不知道自己有多容易受到打击，所以我们需要时时刻刻准备着，准备着哪天自己的才能会派上用场，并在我们需要它们的时刻能及时发挥作用。

掌握判断力：权衡利弊，清醒决策

安全网的最后一个方面是你的判断力，我们将其定义为你权衡利弊，做出明智决定的能力。培养良好的判断力是美国海军陆战队训练的重要组成部分，因为我们的许多选择都会对自己和他人产生重大影响。教官知道我们将在未来的任务中面临许多不确定的风险，虽然他们不能为所有难题提供解决方案，但可以帮助我们提高我们自己的能力，以识别眼前的事情中什么是重要的，以及如何做出更好的选择，平稳度过过渡期，以便用最好的方式处理问题。

这是非常有价值的课程，因为美国海军陆战队知道我们都具备同一特质——我们还年轻，人生经历相对较少。而具有良好判断力的人往往要么非常有经验，要么是能从别人的经验中吸取教训（当然，最好的情况是两者都有）。军旅生涯加速了我们在这两个领域的成长，这就是为什么军队文化如此专注于讲故事、阅读和事后反思。他们希望我们尽快提升判断力，所以抓住每一次机会确保我们不断学习和成长。

本着同样的精神，无论我们处于生活的哪个阶段，我们的经历都局限于日常所接触到的东西。我们在生活中认识到，自己能做的最好的事情之一就是不断地汲取他人的经验。通过分析别人的想法、选择、成功或失败的原因，我们就能敞开心扉向别人学习，并获得一种独特的能力，去认识新的真理、机会和观点，当你放手一搏时，就能做出更好的决定。

他人经验带来的新观点：考特尼的故事

我在40岁出头的时候时常思考自己的人生。我知道自己已不再年轻，但正如安吉提醒我的那样，我也并不老。

那段时间里，有两次不同场合的谈话给我留下了深刻的印象，并从此塑造了我的价值观和判断力。一次谈话是在一栋庄严的摩天大楼的顶层办公室里进行的，另一次是在沙滩度假的时候。

我们先说办公室那次吧。我花了一天的时间与一家世界500强企业的首席执行官共事，他60岁出头。与他交谈无疑是一次很棒的学习经历，因为他坦诚且详细地阐述了自己的想法，并围绕着如何带领公司走向未来的诸多选择进行了讲解。

我们讨论了他同事的领导风格，他特别谈到了公司里的一位女性，他认为这位女性需要转型。他欣赏她的才华，赞扬她的贡献，但表示，离开公司是她最好的选择。听到他热情洋溢的评价后，他觉察到了我的惊讶，于是解释说，"她很有天赋，还有很多路可以走"（这位女士和我同龄），她需要去一个可以提升自己、迎接新挑战的地方。他承认自己与这位女士在一些问题上意见不一致，但他十分尊重她的想法。他希望她能去一个可以让自身蓬勃发展的新环境。

我对这位女士有所耳闻，我知道他说的关于她的一切都是真的。我从来没有像他那样看待她的工作，但他的思维过程向我展示了一幅如何看待未来机会的伟大画面——不停寻找新的跑道。两周后，我听说这位 CEO 提到的女士已经离开了公司。如果不是因为那场谈话，我不会为她感到如此兴奋，因为我知道她会担任一个更加利于发挥她才能的角色。

现在，我们来谈谈几个星期后发生在海滩边的谈话。那次难忘的谈话发生在我与父亲之间，当时他已经快 70 岁了。当太阳落山时，我们看着弟弟妹妹和孩子们在海滩上玩耍，我又一次感叹自己老了，父亲对我说我还那么年轻。我们一起回忆起父亲四十出头时候的经历。1980年时他42岁,按照我现在知道的,那时他的崭新人生才刚刚开始。在42岁生日之后的第3个月,他娶了我最了不起的继母。42岁时,他还只有两个孩子,后来变成5个。当时他的职业生涯只有短短11年,直到几十年后他才退休。由此可见,父亲在和我差不多大时,他面前的跑道还非常宽阔。

这两次对话对我很有启发。它们不仅为我提供了一个全新的视角,而且让我清晰地认识到,当下的选择如何让我进入一个能够成长、发展和迎接机遇的新时代,以及实际上我需要多少时间来体验我的选择带来的回报。

虽然我们永远不知道人生还剩多少日子,但作为领导者,想象一下我们的跑道有多宽阔,是非常有价值的。无论我们现在离退休还有5年还是25年,能知道我们仍有时间重新选择、重新做决定,是令人欣慰的。时间对我们而言并没有什么限制,我们还有能力运用我们的判断力,以或小或大的影响改变我们的生活。只有当我们故步自封时,才会被困在选择里。

通过不断改变对自己在生活中所处位置的看法,你可以想象未来有什么、当下还剩下什么、你内心仍然想要成为什么,这样就知道该从哪些方面来提升自己的能力。当你从别

> 人的角度和经验来看待世界时,如果你能理解并吸取他人的教训,你的判断力就会增强。拥抱现在,也包括把目光放长远,同时也要切实意识到我们依旧在进步。成功和安全感有时可能会像健康一样稍纵即逝——然而,当你越来越懂得如何放手一搏时,你就可以运用你的才能和判断力重新获取它们。

5 个方法快速提升判断力,破局思维不设限

作为一名领导者,为了不断进步,找到新的视角,增长智慧,以做出最适合自己的选择,我们建议你通过以下方法不断提升判断力:

- ▶ 不断丰富知识储备,明智的决策往往来自旺盛的好奇心和习得的智慧。
- ▶ 乐于接受第一手经验和第二手经验,有意地吸取他人在各自角色和职责中学到的重大经验教训。人们都乐于助人,很多时候你只要开口询问就行了。
- ▶ 反思自己的经历,从中汲取人生经验。
- ▶ 寻求外界帮助来厘清自己的观点。如果你正面临一个艰难的选择,去咨询你的导师,他们会帮助你。任何情况下,

都不应该草率做出重大的决定。
- ▶ 经常校准自己的价值观。缺乏价值观的判断会带来不好的（有时是不道德的）结果。当你一直用价值观校准自己的生活，就能更好地完成自我实现。

换句话说，我们应该不停给自己充电。这真的非常重要，因为你永远不知道什么时候需要在放手一搏的旅程中发挥判断力的作用，当困难出现时，你会希望尽快地运用判断力解决问题。而对挑战的预期和准备也可以强化你的安全网。

随着时间的推移，当形势需要我们付出更多努力去改变、维持、停止或开始任何新事物时，判断力往往使我们能够做出更好的、更有创造性的决定。你一定还记得那些时刻，你看着自己说，"在这一刻我需要做点什么。"

同样重要的是，在这些时刻，我们不仅仅策划出一个行动方案，而且发现自己有能力拟定多个行动方案，以推动自己的思维和创造力不断提升。因为我们知道，对于我们中的许多人来说，每当面临压力、挑战或困难时，我们的思维就会变得僵化。而在这些时刻，我们倾向于认为问题的答案非此即彼，只能如此。所以我们会忽视其他的解决方案，但是，经过时间的推移和仔细思考，我们完全可以从中挖掘出一些新的选项，以确定哪些是可能的、哪些是可行的。

所谓可能性，指的是既定的目标本身要能够实现。而可行性，则是指在现阶段的行动能够推行。你需要两者兼备，敢于挑战才能取胜。

当你陷于风险的迷雾中，评估可能性和可行性将有助于你在未知情况下判断什么才是最好的选择。当你面对挑战时，只要拥有足够的经济保障，对自己不断增长的才能有坚定的信念，并且知道自己的判断是正确的（即使你永远无法完美地预测未来），你就会为未来可能遇到的一切风险做好准备。当然，在我们需要从挫折、失望、失策和所有领导者都会经历的错误中恢复过来的时候，这些安全因素也依然奏效。

第七章

刻意暂停，复盘经验，取得持续成功

> 我们只顾注视前方，却忽略了身边的风景。
>
> ——比尔·沃特森

速览导读

无休无止地追求"更多"会让你顾不上珍惜眼前生活中的意义。这一章将帮助你专注于如何充分意识到成功来临，并获得生活的"奖励"。

思想启迪

成功不仅是一个奖励，而是一种情绪，让你可以通过明确意图和正确地保持专注，培养内在的满足感。

不要依赖别人告诉你，你的成功应该是什么。

你要决定自己的道路和体验成功的方式。

简单中有快乐。精心设计的人生会在最微小的时刻迸发成功的火花。

还记得励志海报风靡美国企业界的时候吗？铺天盖地的海报蜂拥登场，画面要么是一个团队在划桨，要么是一滴水滴入水面激起涟漪，再或者是一只坚忍的雄鹰凝视着地平线。这些海报大多以黑色为背景，再用白色大写字母写着诸如卓越、合作或奉献之类的关键词。当然，这些图片后来成为许多有趣网络表情包的灵感来源。但在当时，它们可是举足轻重。

这些海报提醒我们，每天都有机会努力赢得更高的成就，这样我们就能体会到胜利的快乐。在这些海报中，成功的概念也体现在史诗般的时刻——比赛结束时登上巅峰，获得奖牌。

不论在过去还是在现在，这些海报都是我们社会价值取向的反映。

我们生活在一个以成就论英雄的世界。在这种情况下，成功被认为是转瞬即逝的，只有在每个时刻不断接受挑战，我们才能赢得人生的最后胜利。

但是，社会上对成功的定义往往过度关注荣誉，而不是幸福、快乐、满足和其他能提高我们生活质量的因素。

我们担心的是，如果你在放手一搏的过程中接受了错误的成功定义，你就有可能无法体验到已经收获的成功和自豪感，而这些自豪感常常与你自己的身份认同感、你所拥有的东西和你所为之奋斗的目标有关。你需要更广义上的成就，因为这可以激发你的自信，让你体验满足感——这是我们在冒险之旅中寻求的一种难以捉摸的感受，而有时它似乎很难找到。

这一章的重点是教你如何以自己独有的、有意义的方式来追求成功，从一个崭新角度看待成功。

成功无定式

我们要先问一个问题：你上一次觉得自己成功了是什么时候？

你可能和很多人一样，觉得这个问题很难回答。这可能需要你回忆过去，回想一下来之不易的成就，或者是取得的资质证书，或者是获得的奖牌之类的证明。这就表明，你的成功被定义为社会对你表现的认可，而不是一种有意义的内在感受。

下一个问题：你上一次觉得自己没能成功是什么时候？我们认为这个问题很容易回答，可能包括以下几种情况：

- ▶ 陷入一段被忽视的关系。
- ▶ 太久没有体验到满足感。
- ▶ 在工作中没有受到重视。

▶ 让生命中的某个人感到失望。

▶ 处于崩溃边缘。

▶ 无法达到自己设定的高标准。

▶ 因为过度劳累而感到麻木。

当你读到上述内容，如果对每一条都点了点头，并在心里对应道："是的，这就是我。我也有过这样的经历。"你可能会觉得自己就是生活中的失败者。我们想告诉你的是，大可不必这么想。相反，我们认为上文的内容强调了无休止地追求卓越需要付出的代价，而没有鼓励我们以一种简单的方式来获得成功。毕竟，如果追求成功的路上必须承受上述痛苦，那为什么还有人愿意继续付出这样的代价呢？

我们想让你明白，成功是一种感受，它体现了你对获得一项成就的自豪感，而无关这项成就是大还是小。如果不陷于常见的狭隘定义，我们就可以更容易地体验成功。这并不是说每个人在生活中所做的一切都应该得到一个奖杯，而是说生活中总是有那些能带来持久快乐和满足的东西让我们体会到胜利的喜悦。

把成功想象成一系列新机会，可以让你自由地思考生活中更多可能获得成功的情况。从这个新的角度来看，成功可能是这样的：

- ▶ 把繁忙的日程安排与伴侣的工作计划协调一下，这样你们两个就可以在一周中找个时间一起吃午饭。
- ▶ 逃离城市，全家骑自行车去乡下旅行。
- ▶ 帮助客户找到产品的新用途。
- ▶ 参加财务规划课程，探索实现目标的新方法。
- ▶ 在工作中组织一个社区服务项目，让自己和团队为他人做出贡献。
- ▶ 学习烤面包或做一道让家人都喜欢的新菜。

通过上文的内容，你还会意识到，对于上述问题人们给出的回答是多么个性化。因为对于每一个人来说，成功的表现和感觉都各不相同。但最为重要的一点是，成功永远不应该由别人来定义，而必须由你来定义。这样你才可以有意识地去体验它——当你努力挖掘成功体验的时候，才能够感受到随之而来的积极情绪。

同时，明确你对成功的定义也有助于确保你不会依赖外部世界来规划自己的生活。我们身边都认识一些用外界眼光来衡量成功的人。他们经常审视自己，总是在看别人在做什么，别人拥有什么珍贵的东西。这种类型的比较既无趣也无益，而且会带来巨大的不安全感，将我们推入一种执念，总在无休止地追求更多——更多的钱，更多的成就，继而分散我们对生活的注意力，让我们误认为获得"更多"就会让我们快乐。

我们也见过许多不幸而又"成功"的人,他们拥有一切,却没有充分理解成功的意义。他们没有意识到自己的生活往往不需要"更多",如果他们能明白这一点,就会意识到自己拥有的成就已经足够了。

简单就好:约翰·欧兹

每当我们想到音乐传奇人物达瑞·霍尔和约翰·欧兹时,脑海中总会浮现两个想法:

一是他们的音乐令人痴迷、经久不衰。

二是无论他们为了永葆卓越做了什么努力,这些方法都奏效了。

对于第二点,确实是这样。这对搭档有34首热门歌曲,其中6首在单曲排行榜上高居榜首。他们还入选了美国摇滚名人堂。更重要的是,他们的演艺生涯已经有50多年了。这些成就本身就令人瞩目。

然而,当约翰·欧兹谈论他的成名之路时,听起来并不像是一场节节胜利的进行曲,尽管他拥有金钱可以买到的所有东西——房子、跑车、喷气飞机,以及让人艳羡的生活方式(他娶了一位模特妻子,并且可以在Studio 54工作到深夜)。他分享说,他迈向事业巅峰的每一步,都会感到自己的生活质量在下降,这也导致自己的人际关系受到了影响。他已经不知道自己是谁,以及什么才是自己真正想要的。

就在他的演艺生涯走过20个春秋后,在录制唱片、演唱金曲和举办巡演近20年后,他破产了,而且是彻底地破产了。而这是约翰改变人生的转折点。

一开始,他卖掉了所有房产,只剩下位于科罗拉多州阿斯彭的一套公寓。他离开了音乐舞台,他将这一决定描述为灵魂的净化。他剃掉胡子,彻底改变标志性形象,开始过上质朴的乡村生活——骑自行车、滑雪、徒步旅行。后来他再婚成家,又开始录制对他来说很重要的音乐。

这种戏剧性的生活变化是他放手一搏的结果,这个决定迫使他离开聚光灯,进入未知领域,重新找回自己看重的东西,以及可以持续发展的方向。最终,他又和达瑞·霍尔一起巡回演出。他还录制了个人歌曲,并与乡村音乐家和蓝调音乐家合作——这些音乐虽然与商业成功无关,但一直是他长期以来钟情的梦想。经过思考,约翰现在的条件是:"你得给我垫付住宿费和交通费,住旅馆,坐飞机往来。这样我才会离家去演出,这就是我唯一的要求。但我实际上是免费演出的。"

> 约翰·欧兹并不是唯一创作了杰出作品并取得最高成就的艺术家，他们最终都发现，一路以来，他们忽视了生活中那些能给他们自己带来幸福感和满足感的小事。
>
> 对我们所有人来说，好消息是，通常情况下，想要回到"最佳"状态，我们并不需要一下跌到谷底才可以重新开始。我们只需要意识到生活中拥有许多更好、更广泛的成功，只要一些微小的改变就可以让我们拥抱生活中的小幸福。

睾酮和多巴胺：成功体验能改变你的大脑

在第三章，你为自己设计了一些伟大的梦想。这很重要，因为对目标和更大成功的追求能鼓舞人心。但我们希望你把关注点放在"追求"的过程上。在你承担风险追求梦想时，成就本身不会让你感到满足，更重要的是追求梦想的过程。在生活中感受成功的小方法丰富了我们的日常生活，也有可能改变我们的生活。

认知神经科学家伊恩·罗伯逊研究了成功体验对生活的影响，并解释说，成功体验比基因和药物更能塑造我们。事实上，他的研究表明，当我们感觉到成功的时候，大脑会分泌化学物质睾酮和多巴胺，这让我们得到极大的满足，还能帮助我们打开创造性思维和勾勒新世界的大门。他声称成功体验是人类已知的最伟大的大脑改变者。当你改变了大脑，一切就都改变了。还记得之前说的，思想变成信念，信念又变成行为吗？成功的体验可以改变你的想法，视自己为人生故事中的英雄，而不是受害者，更不是不相关的旁观者。你是真正的英雄，我们都想成为的英雄。

　　做英雄不是在吹牛。就像在一个精彩故事中一样，成为英雄意味着成为主角——你是那个推动故事走向更好结局的人，并在前进的道路上从各种成功中得到激励。我们希望你开始把追求成功视为一个持续性的概念，而不是稍纵即逝的瞬间。

成功不应该是一件苦差事：安吉的故事

　　当考特尼和我开始创办公司时，我们的梦想十分远大。我们的目标中有一些是可量化的，比如像收入目标、客户数量、图书销量等。而其他目标则更多关于生活体验方面。我们想象自己会过上商业精英的生活——出行都坐喷气式飞机，往来穿梭于机场，穿着名牌服装，入住五星级酒店，在著名餐厅品尝美食，在高档的办公室里参加会议。

　　短短几年时间，我们的梦想就成功变成了现实。我们的客户遍布世界各地，我们确实需要飞来飞去地为他们提供咨询，帮助他们培养各个层次的领导者。我们的主题演讲也有了越来越多的听众,并且我们合著的第一本书《靠前指挥》的销量也持续增长。我们已经取得了不错的成绩。然而,挑战在于我们的节奏。我们的生活节奏越来越快,需要花费更多时间规划未来生活,想象下一步奋斗方向,而不是品味眼下发生的一切。这让我们只关心胜利,而无法体会当下的快乐,以及工作和生活中的简单乐趣。比如安静地待在家里,看着我们的孩子做运动而不受干扰,或者在节日时收到贺卡等。

很快,我们的雄心壮志不再像一场冒险,工作对我们来说更像是一件苦差事。比如,商务服装需要干洗,而出差之后,这只是我们要做的众多事项之一。我称这些工作为"生活管理"——我讨厌生活管理中零零碎碎的杂事。虽然我们看起来正在成功阶梯上攀登,但实际上我们更像是在跑步机上,而且是具有一定坡度的跑步机,而我们每天就是在这个跑步机上疲于奔命。这不是我们想要的上升期。

幸运的是,考特尼和我很快就反应过来有些事情不对劲。这就是与好朋友一同创业的好处——我们可以在生活和工作中随时交流,很快发现彼此都留意到了这个问题。比如:"看起来我们成功了,但感觉并不好,我们再也体会不到乐趣了。我们需要改变。"

我们一起面对挑战，这促使我们思考我们想要的成功到底该是什么感觉，而不是把成功作为一个目标。成功具体应该是什么？相比之下，如今我们思考的这个问题要更加抽象。

而这种认识使我们专注于找回工作中的简单乐趣。虽然我说的是找回，听起来非常容易，但实际上，我们在这件事上做了很多努力。因为要改变习惯是很难的，尤其是那些需要你放慢步伐和生活节奏的习惯。于是，为了让自己慢下来，在出差过程中，我们会抽出时间参观当地的博物馆，在酒店附近的公园散步，或者是叫外卖，然后独自在酒店房间里休息一会儿——这些都能给充满了新任务的繁忙日子带来片刻宁静。我们开始在工作和家庭生活之间划定严格的界限，并且也尊重彼此的界限。我们进行头脑风暴，讨论如何在紧急出差归来的第二天立刻放下电子设备。我们开始对一个接一个的项目说"不"，因为我们忙起来的时候几乎没有足够的时间洗衣服和打包行李箱。

我们知道追求梦想和目标的过程是激动人心的。那么，再想象一下当你成功时你的感觉是什么。是精疲力竭还是精力充沛？我们都希望是后者。梦想和目标会改变，但成功及其感受不会改变。要想在生活中保持一种成功的感觉，其实方法很简单——有意识地对待你的情绪。

七个策略找到属于自己的成功感受

我们需要认识到,成功是一种内在感受。你可以从思考成功对你的意义开始,无论成功是大是小,通过思考,希望你的成功会给你带来什么样的感觉。正如安吉分享的,这种感觉会随着时间的推移而改变。

当你承担风险的时候,我们希望你的感觉良好。

你需要积累一点经验才能找到自己想要的成功的感觉。了解自己的喜好会让你更好地接纳自己正在做的事情。

看看下面的列表。当你阅读每一对词语时,考虑一下你的感受更倾向于哪一列:

感激	嫉妒
爱意	冷漠
宁静	混乱
敬畏	麻木
希望	退缩
自豪	不安
好奇	公正
舒适	不满
乐趣	苦涩
灵感	击垮
接纳	愤恨
共情	评判

左边一栏显然是我们追求的感受——当我们体验到这些情绪时，我们能感到快乐和满足，而这恰恰是成功的感觉。然而，我们要实际一点，因为成功需要投入精力、专注和坚持。感激之情不是我们与生俱来的情绪，相比之下，我们更容易感知的情绪是怨恨。而且我们中的一些人过于忙碌，以至于他们更多地陷于麻木，而不是敬畏。

如果你发现自己大多数时间都受困于右边一栏的情绪，也许是时候审视一下你的生活了。如果你因为疲于应对工作和生活中的挑战而不记得过去两周的情况，那你就要当心了，因为你很难体会成功。

如果最后两周的成果仍然不符合你对成功的定义，那就多想想应该放弃什么，而不是盲目争取什么，这样好让自己有足够的空间思考接下来的方向。有时候，生活是越简单越好。当你在工作中焦头烂额时，你就很少有机会享受简单的快乐。因此，找到稳定的节奏有助于你建立成功的感觉。

要体会左栏的感受需要在情感上付出很多努力。而且，当你体验到这种满足感时，需要做更多的努力来保持这种情绪。这是赢家法则的一部分，我们可以通过以下7个策略找到属于自己的成功感受：

- **保持良好睡眠**。如果我们休息得很好，就更容易快乐。
- **拥抱自然**。外面有太多值得欣赏的东西了。花点时间抬起头，找一扇窗户，看看外面的世界。如果可以的话，出去散散步。这能让你瞬间恢复活力。
- **全心投入**。是不是常常感觉自己注意力不集中？在需要全神贯注的时候，努力消除干扰（比如手机）。
- **注重饮食**。一心二用地吃东西往往会让我们对成功感到麻木。如果你没有时间细细品味一顿饭，那么你将很难感受美食中蕴含的积极情绪。
- **消除内疚**。内疚是快乐的克星。当你感受到内疚的那一刻，要尝试去理解自己，并通过自我理解找到克服内疚的方法。过度的内疚感会让你失去体验成功的机会。你应该对这个警告信号保持警惕，努力做出改变，放弃对自己不切实际的标准。
- **深入沟通**。在专注于目标的同时，尽量多花时间与人交往。如果你能建立良好的人际关系，平凡的日子也能变得不平凡。
- **拒绝"忙碌"**。如果你有一个空闲的晚上，或者没有工作的周末，不要急着安排一些事情来让自己忙起来。接受空闲，生活中的成功感受往往就出现在这样的时刻。

如果你发现这些策略颇有价值，但仍然没有让你体验到成功，你可以考虑暂时不要再承担风险。

刻意休息，疲惫职场人的必备技能

要记住，你不是一台机器。就像运动员需要休整期来激发最佳表现一样，你需要有意识地做好规划，再专心投入一段高强度的奋斗时期后，为自己安排休息时间。比如，如果你为了考取学位上了 3 年夜校，期间也一直没有放松对家庭的照顾，当你作为一名优秀学生毕业之后，就要为下一个奋斗期做准备。你可以先计划一段空闲时间，减少责任或工作。暂停追求的脚步，通过休整来放松身心、恢复活力。掌握好节奏是获取并享受成功乐趣的重要步骤。

同样，每当有朋友或同事告诉我们他（或她）已经接受了另一家公司的新职位时，我们的第一个问题往往是："你准备休息多长时间再去新岗位报到？"如果他们说的时间少于两周，我们就会严肃地提醒他们保持放松和休息是重新焕发活力、进入新角色的关键一步。不到两周的时间通常是不够的。此外，我们还会建议，人生中有些时候应该休息一个月，如果你能接受，那就好好放松吧。

在本书中，我们谈论的是目标、梦想、希望，以及迎接生活中的不确定性。成为一个笃定的目标追求者,并不意味着没有能力享受生活。我们需要休息,这样才能做到最好。你甚至可以这样想:如果不休假,你就会对自己、团队、家庭和老板造成极大的伤害。相信我们——当你花时间休整时,对每个人都有好处,尤其是对你自己。

虽然你可能一年只休一次长假,但也要允许自己进行其他几次短休,比如短途一日游或出去参加节日庆典。把你的时间分散规划,不要只计划一生中那些马拉松式的长假时刻,否则你可能会精疲力竭、沮丧失望、痛苦不堪。此外,你不应该一个接着一个去跑马拉松。因为,如果你长期保持高标准的追求步伐,这会降低你在日常生活中寻找快乐的能力。持久的成功需要有意识地休息。

在简单的生活中发现快乐,也是一种大成就

追求成功的过程通常需要耐心和坚持,找到稳定的节奏,能帮助你适应日常生活中的风险,在小事中也能找到快乐。

"稳定"这个词听起来并不令人兴奋,不是吗?"简单"这个词听起来也很无聊。但无论是"稳定"还是"简单",它们都可以成为一种美好。

美好的生活不在于你攀登了多少座山峰,而在于你如何充分享受攀登的过程,如何体验露营的生活,以及你如何应对速降感

受和高原反应。当然,登顶使人振奋,但这种兴奋是短暂的特殊状态,而不是日常状态。更深层次的满足感来自你探索山峰地形的过程。因此,享受日常生活是一种比庆祝伟大成就更有意义的事。

复盘经验,取得持续成功的关键环节

不过,当你真的登顶的时候,一定要抬起头来,享受眼前的美景。这是属于你的成就,可以激发你的信心。花点时间想想是什么让你走向成功,梳理你取得成功的因素,以及哪些方面应该继续保持。你也可以从中吸取教训,以便在未来的道路上避免障碍:

- ▶ 我做了什么(或没有做什么)才赢得这次胜利?
- ▶ 什么样的才能或优势更有助于收获成功?
- ▶ 我要如何将我所学到的经验用于未来的成功?
- ▶ 我克服了什么困难才取得成功?(回忆自己所克服的困难是一个重要事项,这能帮助你提升未来的能力水平。)
- ▶ 我学到了哪些可以应用到未来的经验教训?

记住,及时品味成功并不代表自满或过分追求完美,而是在追求进步、激发动力,在充满喜悦和满足的情况下继续前行。

新视角改变旧观念：考特尼的故事

星际领导咨询公司早期的很多情况都可以用吉米·巴菲特的那首经典老歌《态度改变，天壤之别》（"Changes in Attitudes, Changes in Latitudes"）中的一句歌词来概括："在一些机场看到离境标志时，让我想起了之前去过的地方。"正如安吉所分享的，在我们创建星际领导咨询公司的过程中，生活一直在不断发生变化，以至于我常常没有意识到我们什么时候在向前奔跑，又或者，我们什么时候取得了成功。

歌词中关于机场的记忆也印证了这种意识的缺乏。我们意识到这一点是在我们最大的客户之一经营刚刚起步的时候。这家科技公司的主要业务是让世界更加开放、加强互联。为了做到这一点，他们决定在团队设置分级领导，企图在开拓新领域、创建一个迅速被大众接受的平台时实现互利共赢。这家公司就是脸书。当时的脸书可不是你今天所知道的脸书，当时它只是一个仅有150多名员工、很少受到关注的小公司。

在拉瓜迪亚机场，我瘫坐在候机区一张黑色皮革座椅上。当时我觉得怎么坐都不舒服，于是后来我便侧身坐在座位上，后背靠着一个扶手杆，双脚甩在另一个扶手上。我和我最喜欢的杰克叔叔通电话，他是我的良师益友和忠实支持者。我向他详细描述在纽约度过的时光。安吉和我花了几天时间与脸书的纽约团队一起工作，其中包括几位之前在谷歌做得非常成功的领导者。

在纽约工作的这段时间，我们目睹了那些成功领导者拥有的惊人财富。有一次，我们在一位高级管理人员的家中为初级管理人员举办了一次研讨会。她的家是SoHo区一套豪华的顶层复式公寓，有独立的电梯间和好几个可以欣赏美丽城市景观的阳台。虽然公寓十分华丽，但这并不是我要向杰克叔叔讲述的细节。相反，我想告诉他我对这些高管的谦逊态度和服务意识有多么敬佩。他们非常乐于学习，愿意参与这些研讨会，专注地为初级团队成员准备好研讨会的小细节。这些初级成员中的大多数人都很年轻，没有什么依靠，为了推动公司发展，长时间做着任何他们能做的事情。

我和杰克交谈甚欢，分享了那天的感受，因为我曾经不认为那些高级经理会如此热情、认真、富有同情心。

在他对我表达了一些关于刻板印象的观点之后，我继续分享了一些我的不安全感，我们的谈话就转向了更严肃的内容。这主要是我问自己的问题，但现在我去问了杰克叔叔。"我真的会取得伟大的成功吗？我拥有这个条件吗？"我继续问，"这些人已经取得了这么大的成就，他们确实在努力让世界变得更好。我想知道自己是否也能以这种方式为社会做出贡献。"我想听到杰克叔叔的回答,但他在电话里沉默了一会儿。

他突然打破沉默,问了一连串的问题。"好吧,考特尼,脸书团队雇了谁来为他们的领导力发展提供建议?其实他们可以雇佣任何人,但他们信任并选择了哪家公司来培养员工?"这引发了我的思考。杰克叔叔继续说:"我想你没有想到这一点。其实你已经成功了。你正在为那些颠覆旧俗的伟人提供建议。你是个有用之人,做事风格大胆。我无法预测你是否会中彩票成为富翁,但不会怀疑你正在发挥的作用。你拥有一定的影响力。"

直到今天,我还是能轻易回想起这段对话,因为这对我来说是一个真正的"洗礼"时刻。从很多方面来说,在那之前我的生活都是一场不停歇的追逐。毫无疑问,之前我经历过有趣、震撼、高效又刺激的冒险(尤其是在美国海军陆战队的时候),但无论如何,这都是一次新的追求。我总是在朝向目标飞奔,甚至没有考虑过我可能已经到达了。在这种情况下,我显然已经登顶,但我看不见峰峦所在。有时候,我们需要生活中的其他人给我们一个有力的助推,让我们抬起头来,意识到自己在哪里。

虽然当时我并不完全了解这一点,但到了今天我很确定,我可以放手一搏，也可以支持、指导和培养其他人这样做。这就是我的目的和使命。明白了这一点，我现在就可以更清楚地看到我的成功何时来临。现在我也更清楚地看到我在哪里跌倒、偏离方向或经历挫折，这些困境通常发生在我专注追求一些新的成就时，而不是在潜心做事的过程中。

现在我仍然非常喜欢攀岩。我有目标、有野心，更有勇气和梦想。而这些东西是每个人都需要的。但我不再执着于追求什么。相反，我学会了拥抱山顶上稍纵即逝的景色，品味和体会这些特殊时刻。我很重视这种放松，因为我知道它会让我进入一个新阶段——这是我的主动选择，而不是被动的随遇而安，这是成功的感受。适当的调节可以让你更快乐、更满足、更有成就感，这也是维持成功的因素。

放手一搏，为人生创造更多精彩瞬间

最终，放手一搏不是为了创造一个精彩的瞬间，而是为了拓展思维、创造更丰富的体验。生活的目的就是要活得精彩，真正享受自己的人生。这意味着要识别并拥抱这一路上哪怕最微小、最无声的成功感受。如果你能有意识地了解自己对成功的感受，并留意到沿途所有微小而简单的快乐，你就会发现自己正享受着山顶上的美妙风景。

第八章

构建韧性思维,成为内心强大的破局者

> "多数伟人都是在经历过最大的失败之后,才取得最大的成功。"
>
> ——拿破仑·希尔

速览导读

这一章重点讨论的是面对恐惧和失败时的策略。恐惧和失败虽然不是同一件事,但它们经常同时出现。

思想启迪

你的恐惧是真实而正常的,尽管它可能与你感受到的威胁不成比例。不管怎样,你应该了解自己的恐惧,但不要让恐惧左右你。

我们大多认为失败是灾难性的。然而，失败也有各种各样的形式和不同的严重程度。当你失败时，最好的应对方式就是学习、适应和应用。

韧性是你克服恐惧和从失败中吸取教训后收获的礼物。拥抱挫折，珍惜生活中的不完美——它们不仅让你独一无二，你处理它们的方式也会决定你的成功。

我们鼓励你想象成功的样子，并且尽可能清晰地想象，设想成功来临时你在哪里，在做什么，甚至穿着什么衣服。这种想象不局限于某一时刻，你可以经常想象它，因为你对自己的成就思考得越多，它就越有可能变成现实。

具象的想象是一种强大的心理技术，已经被世界各地最杰出的运动员、商业大亨、思想领袖和有影响力的人所应用。七届奥运会金牌得主、世界游泳纪录保持者凯蒂·莱德茨基声称，在每一次比赛中，她都反复想象成功的感觉。著名的演员金·凯瑞也是这种心理技术的拥趸，他不仅反复想象自己成功的画面，而且每次面临巨大挑战，他都会提前给自己写了一张1000万美元的支票，作为自己的"演出片酬"，并把它放在钱包里，直到真正兑现 [他确实因出演《阿呆与阿瓜》（*Dumb and Dumber*）而赚到了这笔钱]。

虽然在放手一搏的时候想象成功很重要，但考虑恐惧和可能遇到的失败也同样重要。但是，不要纠结于这些问题，而是要设想并规划好问题出现时应该如何处理。

网球传奇人物比利·简·金经常分享说，在比赛前，她会花时间思考该如何应对所有可能出错的环节，以及所有可能发生的、她无法控制的事情。她特别关注自己的表现，而不是对手的，因为她知道，如果自己取得成功，一定是因为自己掌握了全局的主动权。当不可避免的失误发生时，她会坦然放下懊恼，不让它们影响接下来的比赛。在你的冒险之旅中，我们希望你通过合理的选择，为所有即将闯入生活的风险做好应对。我们也希望你为人生中的两个"F"做好准备，即恐惧（fear）和失败（failure），因为它们将是你人生旅程中不可避免的一部分。这两个"梦想杀手"通常一起出现，我们希望你有方法对付它们，不被他们麻痹或困扰。

对失败的恐惧，从一开始就阻碍了你的成功

恐惧和失败虽然不同，但总是如影随形。

恐惧是一种原始的情绪，当我们认为某人或某事是危险的、可能会给我们带来伤害或痛苦时，就会感到恐惧。虽然出现恐惧感十分正常，但恐惧的程度往往与我们面临的威胁大小不成比例。举个例子来说：

一个人被鲨鱼攻击的概率大概是 1/3 750 000；而死于车祸的概率是 1/103.5。我们想知道的是，哪件事更让你感到害怕？

我想我们的答案是一样的，我也更害怕被鲨鱼咬。

显然，恐惧可能是非理性的，它会提醒我们，失败是难以避免的。毕竟，失败是我们共同的头号恐惧。

尽管失败有很多不同的含义，当我们谈论失败时，通常会想到挫败感。当我们感到尴尬，出现失误，或经历失望或挫折时，我们就会产生挫败感。例如：

- 你进入了最后几轮的面试考察，但最终并没有被选中。
- 你花了几个小时制订一个提案，但它没有中标。
- 你本打算用一整个周末整理房子，结果连车库都没收拾完。
- 你把一封专门写给一位读者的邮件误发给了"所有人"（而且你所写的内容绝不适合出现在邮件中）。

字典里对失败的粗浅定义是"没有成功"。在这种情况下，我们可能每天都在遭遇失败。所以，问题的关键在于你如何看待恐惧和失败，这也决定了你经历失败时的体验。这无疑会影响"梦想杀手"与你的关系，更重要的是，它会进而决定你做事的结果。

通往天堂的阶梯：安吉的故事

候补军官学校位于弗吉尼亚州匡提科，是所有胸怀壮志的美国海军陆战队军官训练基地。大三升大四的那个暑假，我参加了为期六周的候补军官训练。为候补军官训练做准备非同小可，我之前已经在密歇根大学海军后备役军官训练团度过3年时间，在那里学习军事历史，了解美国海军陆战队的文化，并为这项剥夺我睡眠，并且需要长途跋涉和艰苦训练的严酷项目做好了身体准备。如果我没有通过这项训练（几乎有一半的女性都没有通过），我不仅要退还奖学金，还必须在我的余生中时常面对这个巨大失败。如此一想，后者的影响似乎更糟。当时，我是海军后备役军官训练团课程中唯一一个想成为美国海军陆战队员的女性。其他人都去了海军部队。所以，在开始正式训练之前，我就和其他美国海军陆战队男学员一起，每周三天早上5点起床，一起出去长跑、攀岩，就算练到手臂疼痛也不休息。此外，我还要做无数个仰卧起坐，为海军后备役军官训练做好身体素质方面的准备。

当我开始参加海军后备役军官训练课程的时候，我觉得自己已经准备好了，因为我花了太多时间进行艰苦的训练。而和其他候补军官训练团成员在一起，令我有了更多信心和勇气，所以我相信我可以通过身体上的挑战。但当我开始熟悉候补军官训练场地，看到那些我们必须通过才能毕业的训练障碍项目时，我紧张起来。因为其中许多挑战我都毫无准备，这些障碍都是根据男性平均身高（1.75米）来设计的。可我很矮，只有1.6米。而你或许可以通过训练变得强壮，但你没办法让自己变高。

特别是"通往天堂的阶梯"，这个项目的视觉冲击力极强，而且随着我对这个挑战的了解加深，它也变得更加恐怖。这是一把约9米长的木头梯子，笔直地矗立在地上。阶梯的独特之处在于越靠下的梯级之间距离很近；当你一步步往上爬的时候，梯级之间的距离会越来越远。作为训练团成员，你的任务是从梯子一边爬上去，一直爬到最上面的圆木，然后翻身过去，从另一边爬下来。

训练那天，教官提醒我们，在爬上爬下的过程里不可以借用任何辅助。教官还建议我们小心点，因为不慎摔倒就可能导致背部骨折。我喜欢教官漫不经心传授技巧的态度，就好像背部骨折和扎了一根刺一样稀松平常。

当我"欣赏"底部的梯级时，我很清楚，攀登到最上面的圆木时，我根本无法伸手抓住它，然后从上面翻过去。我只能跳起来抓住它，调动全身力量把腿先翻过去，然后用手臂紧紧抓住圆木，双脚在半空中甩动，瞄准下面的梯级，准确地跳下去。

我很害怕，非常害怕。这不仅仅是身体上的恐惧。因为，如果我摔断了后背，这也意味着梦想的破灭。如果我失败了，就不能在美国海军陆战队赚取佣金，毕业后的计划也无从谈起。而我还将不得不把这段尴尬的经历告诉朋友和家人。当时，难以克服障碍的烦恼和设想中的后果很快充斥了我的脑海。负面的想法太多了，数都数不清。

但我明白，无论我在那一刻专注于什么，都会让我注意力集中。如果我只关注恐惧和随之而来的失败，那么成功的机会就会十分有限。如果我只专注于当下和需要做的事情，就会有勇气勇敢地走向成功。

对我来说，眼前没有放弃的选项，所以我做了必须做的事——直面恐惧。一开始的几级爬得很顺利。但越接近顶端，危险的感觉就越强烈。但这种感觉一出现，我就有意识地把它们赶走了。我告诉自己，现在别想那个，安吉。专注于眼前和接下来该做的事。我要征服下一个梯级，然后是下一级，每越过一级都要多费一点力气。终于站在倒数第二个梯级上时，我抬头看了看最上面那根圆木，深吸一口气，我知道自己已经准备好了。在我起跳之前，我提醒自己来这里是为了什么。我告诉自己,不能让这个障碍阻止我在美国海军陆战队的职业生涯。于是尽我所能,奋力起跳,抓住圆木,利用瞬间的爆发力翻身过去。当我用一只脚在梯子另一边找到倒数第二个梯级时,我如释重负地大声松了口气,我相信那声音大得连下面的教官都听到了。

我花了几个小时来克服"通往天堂的阶梯"带来的恐惧,但只花了几秒钟就征服了它。而我从这一刻感受到的骄傲感觉将永远燃烧在我心里。当我回到地面时,简直不敢相信刚刚发生的事情。一位教官看到我喜不自胜的样子,冲我吼道:"这位队员,你在高兴什么?继续前进!赶紧!"虽然我马上抓紧时间去完成了接下来的挑战,但我也把那一刻记在了脑海里,因为我知道在以后的生活中,无论面对什么恐惧,我都会回忆起这次经历,它让我知道自己需要做什么——坚持下去。成功的感觉比克服恐惧所带来的不适更加值得。更重要的是,如果你不征服自己的恐惧,就会受到它们的制约,甚至可能导致失败的结果。

3个策略消除失败和恐惧,在逆风局也能强势突围

当你正在体会恐惧时,不要让它们劫持你的精神,消耗你的精力。相反,你可以运用一些策略来管理恐惧,使恐惧感保持在

合理的范围内,并适当地引导它们。这会让你在放手一搏的过程中克服恐惧心理,并在走出困境后体验到成功的喜悦。

策略一:永远不要苛求"完美"

对不完美的恐惧轻则会引起拖延,重则会阻止梦想的实现。我们遇到过一些自称完美主义者的人,他们常常发生这些情况:

- ▶ 因为总感觉欠缺经验,所以害怕申请某个职位。
- ▶ 因为总感觉找不到合适的房子,所以一直没有买第一套房子。
- ▶ 因为总感觉工作仍然不够稳定,所以从未启动电商业务。

在本书中,我们谈到了实现目标的一系列步骤,包括失败和错误、实验和尝试、开始和放弃,以及退缩和前进。放手一搏并不是一个简单、直接、完美的过程。如果你是一个完美主义者,可能会惧怕风险,因为什么都不做似乎比做一些可能结果不会完美的事情更好。这里所说的"完美"是指那些过高甚至几乎不可能达成的标准。

在你放手一搏的时候,请放弃你的完美主义目标,因为这些目标大多是徒劳和不现实的。相反,要为你生活万花筒中设定的目标做好计划和准备,并学会面对现实,努力做好即可。我们星际领导咨询公司有句话:"做好自己就非常了不起。"这驱使我们采取行动,当我们发觉自己拿着完美主义的眼镜审视成就,就说明这一标准本身就不够完美。如果我们觉得有机会在冒险中学到更多,并能进一步完善目标。那么,很好,我们会继续应用这种迭代开发的思维方式。因为做好自己就是通往梦想的可靠途径。

生活中总会有你害怕的事情,也总会有你不擅长的领域和活动。不确定性会让人抓狂,但是不要畏惧不完美。如果你仍然觉得有必要完善某些事情,那就从完善你的反应开始,控制你的完美主义倾向。

策略 2:对恐惧进行实战演练

我们都崇拜孙膑。如果你还不熟悉《孙子兵法》,我们建议你现在就去读一读,学习这位中国古代将领的智慧,因为他的军事思想适用于战争、商业及生活的方方面面。他的著作中有句名言:"知己知彼,百战不殆。"

我们在第二章中谈到了自我意识,讲的就是"知己"的方面。但是你对恐惧又了解多少呢?你对敌人又了解多少呢?

征服未知几乎是不可能的。在放手一搏的过程中,你应该锚定目标,列出让你害怕或紧张的事情,以及不确定性给你带来的感觉。要知道,感受确定的一切是司空见惯的,我们还没见过不害怕战斗的战士。

恐惧是正常的情绪，接纳恐惧能让你正确判断恐惧的大小，确保自己没有夸大它们。恐惧指数也使你对面临的挑战心怀敬畏，在面对它时不会过于骄傲自满，而是采取直接行动来攻克挑战。

然而，不受掌控的恐惧很糟糕，尤其是当恐惧感泛滥的时候，你会更加难受。这些恐惧背后通常是一系列复杂情绪的糅杂，比如担忧、不安、缺乏价值感或长期的自我怀疑（自我怀疑通常是别人埋下了质疑的种子，而长期以来你又毫无疑问地接受了这些质疑）。

如果你不能区分并面对你所害怕的东西，你的恐惧就会放大，进而干扰你的生活，因为这种感觉建立在你过去的体验之上。这被称为强化作用，它会以各种形式阻碍你前进，并且这些方式大多都是无益的，并且只会降低你的效率。比如，如果你担心失去工作，那么即使是与老板最平常的会面也会引发恐惧效应。或者，如果你对自己在销售过程中使用的新销售方法感到紧张，那么即使客户对你的产品（而不是你的方法）随口抛出一个无关紧要的评论也会让你心烦意乱。

一旦你知道你的恐惧是什么，就可以有针对性地进行预演。就像比利·简·金那样，想象一下当你遇到麻烦的时候，该如何处理这些意外和恐惧。想象自己驾驭它们、超越它们，这样一来，尽管你心怀恐惧，但最后还是能够赢得成功。因为，心理预演会让你感觉经历了排练和准备。而企业在运营计划的连续实施过程中正是这样做的。我们在生活中也需要做到这一点。

除了规划如何克服恐惧之外，预演还能让你想象你的恐惧和可能的失败会是什么样子。你会发现哪些失败你可以接受，哪些失败自己无法接受。这样你就能在放手一搏的过程中为自己设定不会跨越的界限。

在部队，我们管这叫"最终决定"（go-no-go）标准。换句话说，如果我们能够超越恐惧，在拼搏中找到自己，我们的"最终决定"标准就会告诉我们是应该坚持（go），还是放弃（no-go）。

开始创业的时候，我们也采用了"最终决定"标准，这样就可以测试公司业务的可行性和可持续性。在早期，如果没有达到特定的收入目标，我们就会决定放弃这项业务，因为我们无法持续下去。如果我们能超额完成目标甚至不得不夜以继日地工作以满足客户需求时，我们将会建立新的"最终决定"标准来衡量"是否值得"。我们之所以这样做，主要是基于这样一种想法：如果我们为事业失去了健康和生命，那这一切还有什么意义呢？

"最终决定"标准可以告诉你什么时候需要鼓起勇气，什么时候需要加大努力并坚持下去，通常还会告诉你什么时候需要放手，因为成功还需要一段过程才能抵达，目前还无法实现。

当出现这种情况，即成功无法实现时，你就需要采取别的策略，来应对失败的痛苦。这是不可避免的。而且，有时候失败可能是生活带来的馈赠，因为失败能带来学习和成长，并带给我们一个锻炼并增强韧性的机会。所以，当你失败的时候，你要相信这段经历的价值，然后勇敢告诉自己，未来的自己会非常感激现在所承受的一切痛苦。

策略3：为失败做好准备

当我们在健身锻炼时，我们明白，撕裂的肌肉经过修复会变得更强壮、更有力。在健身房里，我们会欣然接受这个理论，但在日常生活的其他方面，我们却很容易忽视这一点。换句话说，不要忘了我们只有经历失败，才能成长。

没有人喜欢失败。然而，塞翁失马，焉知非福。这就像日本的金缮技法。这是一种用金粉、银粉或其他精细元素修复破碎陶器的过程，也是一种源于不完美的高级艺术形式。事实上，这种技法近乎完美地体现出"韧性"的力量。

我们建议你为失败的发生提前做好准备，但这并不是让你为特定的失败事件想好退路，比如"我一定会搞砸周二的客户会议"，这是失败主义。反之，你应该准备、预演，对自己能搞定它充满信心。但是，如果事情没有按照你的设想发展，你就需要制订一个计划，这样暂时的失败就不会影响未来的成功。

▶一个简单应对失败的计划就是学习、适应和运用。

简单地说,就是接纳失败。不过,这就像生活中的任何事情一样,总是说起来容易做起来难。

反复的失败是愚蠢的,因为这代表着你并没有从中吸取经验教训。你只是机械地经历,但没有从错误中学到成长。其次,光学习而不改变同样是没有意义的,仅仅是知道得更多而不去调整有什么意义呢?只求改变而不运用教训带来的经验亦不可取,这意味着你错过了从经验中成长的机会。

一次失败不应该导致另一次失败。如果你刚刚的面试很糟糕,那就放下它——但记得要从中学习、适应和运用,让下一次面试变得更好。没有必要因此背上思想包袱,也不要将其他一些不相关的失败经历与之联系起来。即使经过一场糟糕的面试后,第二天又赶上汽车轮胎爆了,那也并不意味着整个世界都在与你作对。这是两次独立而且不相关的事件。

然而,如果你发现自己总是在重复某个错误或失败,或者总是在生活的某个特定领域中遭受挫折,比如过去连续几次面试都没有按计划进行,那么现在也许是时候关注一下这个问题。这种罕见、严重又无法克服的障碍通常伴随着大量的警示信号。当你留意到这些信号时,你还有选择的机会,比如你可以:

▶ 加快学习、适应和应用的速度。

▶ 想尽办法改善。

▶ 什么都不做，承担一败涂地的风险。

无论如何，以上这些选项都不包含指责。因为指责不是负责任的行为，而是在寻找借口。

这是一个微妙的过程，你需要知道什么时候该坚持，什么时候该让步。然而，当你对自己的错误越敏感、越负责，并且在需要做出正确可靠的决定时，你就能表现得更好、更有判断力。比如，放手的决定。

放手的力量：考特尼的故事

近几年来我学到最有价值的一课是，有时你必须放弃已经开始做的事情，虽然这与我在成长过程中接受的观念背道而驰。父母总是告诉我要坚持，再坚持，哪怕遇到困难也要更加努力。

这曾经是很不错的建议，但是当我经历过职业生涯的某个阶段后，我发现自己面对的挑战越来越严峻复杂。当我第一次考虑放弃的时候，我很难接受这个想法。毕竟，我对之前的目标投入了很多。不过，后来我逐渐明白，我们只是不应该遇到一般困难的时候就放弃。但是如果确实到了山穷水尽的时刻，我们还是应该果断放手。

所谓山穷水尽的意思是，要么你追求的痛苦根本不值得付出努力，要么你设定的目标根本不会实现，或者如果你还想继续下去，就必须舍弃一些重要的东西，比如你的价值观和优秀品质。

曾经有一次，我就不得不出于某些上面所说的理由放弃一个我很渴望的职场机会——做客户公司的高管。该公司发展迅速，正面临着通向更大成功的挑战和困难。我在这家公司做了一段时间咨询工作后，开始敬重这位引领潮流的创始人。他的才华和远见卓识清晰豁达而鼓舞人心。他想让我加入他的团队，但这需要我们全家搬到欧洲去，我感到既兴奋又紧张。我以前在职场上冒过很多风险，但没有一次像这样直接影响，甚至颠覆我的家庭生活。然而，出乎我意料的是，我的家人却并不认为这是一种颠覆。一想到要去英国住上一段时间，每个人都感到很兴奋。

因此，我抱着极大的希望努力工作，但在帮助公司扩大规模之后，我也强烈地意识到这些努力可能会以失败告终。当我进入公司内部时，我很快就发现一些效率低下的地方。营业收入不断增长，但近期的成功激发了一波招聘浪潮，这导致管理费用过高,工作流程混乱。虽然公司可以负担这些问题,但它确实导致了我们全球分公司大裁员。我继续帮助公司制订新的战略,这是一个令人兴奋的过程,因为参与策划的还有许多睿智聪慧的人。时局充满挑战,但人们充满希望,因为迅速行动的意愿使成功看起来非常可能。

当公司似乎慢慢回到正轨时,一个巨大的意外发生了。在美国反性骚扰运动(MeToo运动)爆发的早期阶段,该公司就因丑闻而被推上风口浪尖。我不能说得太详细,但可以分享一些我们面对的指控。由于我与首席执行官彼此高度信任,在经过几个小时的深入讨论后,他也理解了为什么我主张进行独立、合法的调查,并与一家德高望重的公关公司合作。这是一项额外支出,而且确实会招致高层隐私曝光,但我强烈地认为,健康发展的公司应该公正透明,我也觉得这是我们应该给员工的交代。

我相信这家公司可以反思过去,从经验中学习,然后更好地前进。然而,这需要极大的谦逊和正直的承诺,并且这个过程可能会触及一些人的利益。虽然首席执行官已经做好准备,但一些股东却没有。他们想要保护公司和许多受到指控的人,并对整个"道听途说"的事件感到深受冒犯。这与我的建议背道而驰。

这时我意识到自己有可能比原计划提前离开公司，而这对我的家庭和星际领导咨询公司都会有很大影响。因为我们与客户签订了数百万美元的合同，其中包括我提供的管理服务，以及我们团队在战略策划、领导力发展和公司文化建设方面的投入成本。如果此时提前退出，将会给我们公司带来巨大的经济损失。

在事件的漩涡中，我与对方的首席执行官约在一个周日碰头，坦诚交换了看法。我告诉他我关于公司内部财务问题的深切担忧，以及对公司内部利益团体冲突的看法，还有需要采取哪些步骤，以确保我们能够合法应对这次指控危机。我们还坦率谈论了我的工作还有他们与星际领导咨询公司的合同条款。我们谈了几个小时，最后我相信双方已经达成了充分的共识。虽然我无意以任何形式发出最后通牒，但我清楚，在这次清晰且具体的谈话之后，如果公司不采取适当行动，我一定会离开。

这次谈话之后的几天里，这位首席执行官在与我会谈时做出的承诺并没有兑现。我本不想放弃职位，但我别无选择。我尽可能快地交接过渡，尽量不在离职过程中掀起太多波澜。

从外界来看，这种变化十分突然。但我已经没有选择，只能速战速决，置之死地而后生。而这个极其艰难的选择也造成了难看的后果。我必须尽量减少这个决定对我家庭的影响，为此我决定在英国再停留一段时间，可以让孩子们较好地适应和过渡。在放弃与该公司合作的丰厚利润后，安吉和我不得不重建星际领导咨询公司的业务。我们没有捷径可走，要想走出失败阴影和由此引发悲伤，唯一方法就是脚踏实地地清理眼下的烂摊子。

今天，当我再次回想起这段故事时，我发现自己仍然希望事情能有不同的结局，但实际上并没有。当我回首往事时，我看到的是，在当时的情形下，我本可以做得更好。通过对失败的接纳，我发现自己还可以做得更多，或者做些不同的事情，也许对今天和未来都会产生不同的价值。但如果情况没有改变，我也不会改变选择，仍然会选择放手，尽管我会更努力寻求其他不同的方法。

失败不是最终的结局。这只是你人生巨著中的一个篇章。在追求希望、目标和梦想的过程中，我们必须学会接受不可避免的挫折，从中成长并继续前进。我不是一个失败者，而是一个经历过很多次失败的领导者。每一次，我都因为失败的经历而变得更好，也变得更有能力实现更大的梦想。

管理好失望情绪，会让你变得更强

利用失败作为学习经验意味着充分与伤痛和解，同时也一并接纳了那些因事情未能按计划进行而产生的负面情绪。要允许悲伤来袭，但不要与之对抗，也不要对其视而不见。明确损失的重要意义，同时体会失去的感受。如果不能认识到失去的意义，就不会从这段经历中得到回报。

悲伤不是一个线性过程。它不能像你日程表上的待办事项一样用多种方式处理或按部就班地解决。没有所谓"正确"的方式去体验悲伤，但你只要去体验，你就能从中受益。对于那些时间紧迫、追求成就、喜欢快节奏生活的人来说，这是一个挑战。（还记得第一章吗？"慢即稳，稳即快"。）没有什么生活技巧能让你摆脱悲伤。

但我们还是可以在生活中做些努力，比如提升控制可控之事的能力，这有助于你集中精力。你也许无法控制他人或外部因素，但你能控制自己对各种情况的反应。

你也可以建立自己的断舍离和重构能力。当一段惨痛经历突然出现在你的脑海里，你就很容易产生消极情绪，并一次又一次地把这次失败在脑海中重演。然而，这是一种危险的情况，因为这种回忆会导致过度、无益且不必要的压力。不要陷入回忆陷阱，从心理上讲，你可以在脑海中控制这种情况，试着找到其他方式来面对曾经的失败。换句话说，你需要重构这种体验。例如：

- 如果你的生意遭遇重创，与其把注意力集中在出错的事情上，不如想想你从中学到了什么，以及如果再遇到类似情况你会有什么不同的做法。是的，损失可能会带来一些后果。此刻你需要接受损失，相信损失是暂时的。然后，想象两年后的一天，那时再次回想起这一刻，你会如何回顾和描述这段经历。从长远角度出发，才是正确看待事物的好方法。

- 如果你没能升职，但你的好朋友升职了，感到挫败也是正常的反应。但是，不要让你的沮丧影响你们的关系，而是要努力成为好朋友转变身份过程中最大的支持者。想想看，如果你获得晋升，你希望你的朋友怎么做。然后，努力按照自己所希望的为朋友去做同样的事。

- 如果你策划的筹款活动效果欠佳，那可能是招待不周、出席人数少、筹款目标太高等多种原因导致，如果你觉得沮丧，那么你要提醒自己，两周后再想起这件事，你就不会觉得它像今天这么严重了。对你的工作和结果负责，同时也对自己抱有同情。你可能会感到尴尬，但这种情绪都是暂时的。梳理出正确的思路，你才能回顾这段经历，反思自己所做的错误决定，甚至还可以把其中的教训分享给他人借鉴。

最后一步最为关键。我们的失败对别人来说也是宝贵的经验。你不必羞于开口，鼓起勇气谈论自己的失误也是一种洒脱。随着时间推移，你就会体会到，你分享给别人的越多，别人分享给你的也就越多，而大家会深深感激这个将我们所有人联系在一起的信条——人无完人，每个人都会犯错误。

你并未彻底失败，只是在体验失败的感觉

恐惧和失败都是馈赠。就像你收到的任何礼物一样，你可以选择把它原封不动地塞进壁橱，也可以把你的紧张、不安和责备转移到别人身上，还可以拆开它，发现看起来很可怕的失败可能恰恰能够帮助你释放出潜力，就像接下来要介绍的案例一样，案例中的主角就是这样从失败中受到启发的。

破浪而出，再创新高：玛雅·加贝拉

如果你玩过冲浪，就会知道在海浪上驰骋，在冲浪板上保持平衡是多么困难的挑战。这是一个需要不断付出努力，而点滴努力最终汇聚为成功的运动。事实上，要成功做成一些简单的动作就需要花好几个小时的练习，比如在1米高的海浪上冲浪。那么，你能想象在巨大的海浪上冲浪需要付出多少时间用于练习和准备吗？或者，在人类已知的最汹涌的

海浪上冲浪又需要准备多久?

玛雅·加贝拉知道这一点,因为她就是从事这项运动的。2018年,她征服了20米高的海浪,创造了女子最高冲浪的世界纪录。2020年,她再次刷新了最高冲浪的世界纪录,达到了22米——事实上,在2020赛季,这是一个横扫男子冲浪和女子冲浪的历史新高。

试想一下,如果她任由恐惧和失败阻止她前进的脚步,那么这一切成就都无从谈起。

2013年,也就是她在葡萄牙纳扎雷追逐世界上最大海浪的第一年,玛雅遭遇了一次巨大的事故,这个事故不仅险些结束了她的职业生涯,还差点要了她的命。海水的威力把她的右侧肋骨折断成两半,同时一直把她砸在水下使她无法露头。有一次,她脸朝下淹在水中超过足足1分钟。她的伙伴费了好大劲才把她拉到海滩上,给她做了心肺复苏术才使她苏醒过来。

她花了4年时间才康复,期间一共做了3次背部手术,职业生涯也中断了4年。对于一个运动员来说,离开运动场这么久,这简直令人崩溃。同时,这也让她产生了自我怀疑,怀疑自己是否还有可能继续参加冲浪比赛。

而在此期间,更多坏消息接踵而来。她失去了所有赞助,没有收入支持未来的生活。玛雅患上了严重的焦虑症和恐慌症,这些心理创伤和身体疾病一样会造成严重后果。更甚,她还受到体育界传奇人物的公开指责和警告,其中就包括莱尔德·汉密尔顿,他曾在2013年玛雅出了事故之后批评她并不具备征服巨浪的技能。

然而,在这段时间里,玛雅没有放弃努力。凭借丰富的经验,她走出了一条不同的道路。

在经历了如此巨大的事故之后,玛雅采取了能够显著改善自身条件的训练方式,其中包括提高游泳、力量、平衡和技术方面的水平。当她花时间进行冲浪训练时,也学会了正视危机,并推动自己的思维完成跨越式成长,这让她在短短七年内把最糟糕的经历变成了人生中最宝贵的经历。

她知道自己需要以创造性的方式成长,同时也意识到,她,不仅作为个人,而且作为队友,必须变得更好。她希望成长为一个强大的合作伙伴,与最好的巨浪冲浪者组成搭档。

所以,她的康复不仅仅是为了治愈自己,也是为了支持团队。在拖曳式冲浪运动中,运动员2人或3人一组,一人驾驶拖曳式水上摩托艇,另一人在后面冲浪,如果冲浪者被巨大海浪的惊人力量撞击而摔出水面,开摩托艇的同伴还需要对其进行救援。玛雅学会了驾驶水上摩托艇,并且能够出

> 色完成救援，所以当她的身体恢复到可以再次冲浪时，来自德国屡获殊荣的巨浪冲浪运动员塞巴斯蒂安·斯图德纳选择她作为自己的冲浪搭档，而这个完美搭档让玛雅收获了更精彩的人生。
>
> 最后一次手术后，玛雅重回运动场，以震惊冲浪界的水平展示了自己。

我们希望你和我们一样受到玛雅故事的启发。这是一个有力的证明，它证明了恐惧和失败无法阻止一颗前进的心。如果能对失败保持开放态度，那么你就能以难以想象的方式利用它们来造福你的生活。当你放手一搏，一次又一次地冒险时，你所设想的希望、目标和梦想都会为你所用。

每位领导者都会经历恐惧和失败。最优秀的领导者都是充满好奇心的，他们在困难的大山间坚毅穿行。他们懂得接受损失，汲取经验，并努力适应和运用这些教训。拥抱风险意味着为失误和挫折做好准备，清楚认识到它们会带来富有价值的经验，让通向成功的道路变得更有意义、更快乐、更易实现。

结　语

步步为营，走向胜利

现在，你已经了解到在你放手一搏的旅程中，承担风险并不仅仅是一个会立即改变你人生方向的重大决定。

承担风险的真正意义在于勇敢地面对不确定性，每天做一些小选择，这些选择会让你朝着更好的目标和梦想前进，然后帮助你充分发挥自己的潜力。

至于什么能让你快乐，什么能带来满足感，什么能赋予生活更重大的意义，还需要你持续不断地去探索和发现。想想看，通过冒一些小风险，你每天都可以为自己创造一些惊喜，还能鼓励自己去承担更大的风险。这些小风险包括：

▶ 找时间与你的老板碰面，讨论你想为团队做事的新方式，争取更加灵活的工作时间来支持你的努力。

- 在生活中保留空间，尝试新想法，体验新风险。
- 起草一份商业计划，与商业信贷专员会面，了解一下自己的资质，以及可以获得的贷款金额。
- 联系大学并做一些信息调查，看看重返学校进修需要哪些准备。

这些选择中的任何一个都代表着一个可以助你实现心中梦想的机会。除此之外，还有什么比不敢承担这些风险更没有希望的呢？在你有机会的这一刻，我们希望你能鼓起勇气去完成一件又一件小事。

承担风险是一种力量，它可以通过时间增强你的信心和能力，让你找到承担风险的诀窍，让你更加自立。当你发现承担风险可以带来小胜利时，你就会把自己推向新的探索领域，加深你对更多、更大胜利的期待和渴望。

我们万分迫切地想让你发现放手一搏可能带来的回报。因为，敢于冒险的人往往比行事保守的人对生活的满意度更高；同时也是因为你所走某条老路已经一眼就能够望到尽头了。而现在，是时候离开旧轨道，去拥抱新生活了。这会让你为自己赢得更多——使自己更有能力，更加自信，成为更好的自己，同时满足对自己的更高期望。

只有你自己知道你会在哪里退缩，你会因为什么而退缩。这些通常是你自己造成的看不见的障碍。如果一定要说有什么阻碍的话，那就是你还没有确定你的伊萨卡——一个我们都应该在人生旅途中为之奋斗的目标。

放手一搏，用风险改变生活

希腊诗人康斯坦丁·卡瓦菲在 1911 年写下了经典作品《伊萨卡》，这首诗阐释了当你有意识地将风险迎进你的生活时，你就有机会得到一切。

这首诗的灵感来自荷马的作品《伊利亚特》(*Iliad*) 和《奥德赛》(*Odyssey*)，围绕着特洛伊战争的英雄希腊国王尤利西斯展开，讲述了他离开特洛伊，返回他的家乡希腊伊萨卡岛的故事。而尤利西斯的旅程需要十年时间才能完成。

十年里，卡瓦菲提醒尤利西斯，在旅途中会遇到各种危险，比如莱斯特拉戈斯涅人、独眼巨人和愤怒的海神波塞冬，他必须注意到这些危险，并将它们铭记于心。他鼓励尤利西斯绕道前往他从未去过的港口，做些交易和探索，也许还能在腓尼基的贸易站停下来买些好东西。卡瓦菲也提醒他，应该花时间踏上成长之旅——去访问更多埃及城市，并向那里的学者学习。

当尤利西斯心心念念想着回家时，卡瓦菲提醒他不要急于返回伊萨卡，否则他会错过旅途中的财富。如果能多航行几年就更好了，这样当他到达伊萨卡岛的时候，虽然年老，但一路上获得的一切会让他十分富有。

旅程的重点并不在于目的地，而是在于它会给你一个前进的方向，而这个方向能够激发你学习、成长、发现，并且善于把握机会。你会变得头脑清醒，经验丰富，而到那时你就会明白伊萨卡是什么意思。

每个人心中都有一个伊萨卡，它能激发我们的感官，激活我们的想象力，让每个人都有机会创造奇迹。它吸引我们朝着它的方向走，去探索自己来到世界上到底是为了经历什么，完成什么。

而每个人奔赴的伊萨卡都不尽相同，但你要知道，自己并不孤单。

你已经在放手一搏的旅程中制定了自己的"风险宣言"，它可以作为一个持续的警示，提醒你可以采取哪些步骤来实现对你来说最有意义的梦想。牢记自己的"风险宣言"，这样你就能知道自己应该如何运用自己的努力，在冒险之旅中发现不期而遇的机会。

在你重新思考承担风险对生活影响的过程中，你也已经重新定义了自己期待的成功和意义。

你已经意识到，万花筒式的冒险方式鼓舞人心，因为它能帮助你实现一生的平衡。你已经花时间去寻找导师——佼佼者、思想领袖和无法选择的人——他们已经准备好集结起来，随时成为你的坚强后盾，所以当你需要他们的时候，他们就在你身边。

我们运营这个领导社群已有几十年了，现在我们想邀请你也成为其中的一员。请访问我们的网站：www.leadstar.us，了解你应如何与我们以及社群中希望你同样获得成功的冒险者们互动合作。我们会提供你需要的一切支持，同时也希望你相信，每个人身边都有一些伟大的领导者。如果你现在打算冒险，那么接下来就看你的选择了。并且我们相信，你已经准备好，整装待发、放手一搏。